# 数学
## 宇宙的语言

[法] 拉美西斯·邦基-萨福 著

[法] 克莱芒蒂娜·富尔卡德 绘

张丹希 译

中国出版集团
中译出版社

## 拉美西斯·邦基·萨福

作者

拉美西斯·邦基·萨福是一名科学工程师，对科学充满热情。他还是一名教育爱好者，不仅热衷于教育学，还尽可能将自己的教学方法付诸实践。正是本着这种精神，本书致力于将复杂的概念简单化，使人易于理解。

拉美西斯希望让不熟悉这门学科的读者明白，数学首先是一种注重效率的语言。此外，同其他语言一样，数学也是一种世界观、一种思维方式，是一个多姿多彩的新世界，向所有前来探索的勇士打开大门。

## 克莱芒蒂娜·富尔卡德

绘者

中学时，克莱芒蒂娜的数学平均成绩为2分（满分20分）。正因如此，她顺理成章地在大学时选择攻读文学学士学位，随后从事绘画职业。自中学以来，她总是使用手指和计算器来进行那些本应烂熟于心的乘法算术。

然而，通过为这本书绘制插图，克莱芒蒂娜最终了解到如何解方程（不能再多，别要求太高）。她完善了自己的数学逻辑，不再因看不懂复杂的公式而流泪。说实话，她甚至想开始学习物理学的基础知识了！

克莱芒蒂娜希望这本书能够让人们进一步接触数学，打破常规教学中不透明且复杂的屏障，从而发现数学背后的神奇世界。

# 前言一

好的。

现在这个问题，和你我都有关。

这个问题很常见，不用感到羞耻。

此时此刻，你正在这里阅读我几个月前写的文字，这足以证明你像我一样，希望研究这个问题。

研究什么呢？

研究科学。这是个复杂的问题，而且很无聊。

之所以复杂，是因为它涉及数学，而数学很复杂。而无聊，是因为……它是数学。如果数学不无聊，我们就可以和朋友们齐聚一堂，一边解方程式，一边喝饮料并开怀大笑，度过一个个美好的夜晚。但事实并非如此。

我们生存的世界以科学作为基础。前仆后继的研究人员历时数百年创立了这些科学理论。没有他们，就没有互联网、手机，没有飞机、汽车、电力，也没有日历，没有人会知道什么时候应该播种或收割。

我们的整个世界都由科学建造。纷杂的现代科技似乎使科学变得遥不可及，我们很难直观地理解那些基本定律。好消息是，事实并非如此。坏消息是，这种偏见根深蒂固。

我们的学校教育始终给人一种“科学就是数学”的刻板印象。而对于数学，“人们要么会，要么不会”。有些人甚至执着于“数学天赋论”。我们需要打破这些偏见并让尽可能多的人知道，科学不仅仅是科学家的，它属于每个人，每个人都有权理解它。这是一项艰巨的任务，尤其是当它涉及数学的时候。而这正是科学普及者们在做的事情。

拉美西斯·邦基·萨福就是这群人中的一个，他对自己的工作充满热情，言行令人着迷。他的热情会传染，可以毫无保留地传递给其他人。只需让他牵住你的手，随他踏上这趟探索科学的旅程，你就会被他的话打动。他将向你展示如何用数学解释我们所生活的世界，以及为什么数学远远不是复杂和无聊的，相反，它不仅是美丽的，还是优雅而令人振奋的。请保持好奇，祝你阅读愉快！

布鲁斯·贝纳姆兰

YouTube（油管）频道 e-penser（电子思维）的作者

# 前言二

无论数学和科学是否令你感到头疼，这本独特的书籍都适合你。新入门的人会体验到一种与校园教育截然不同的教学方法，其他人则将收获一些现代科学的新观点，以及理解某些概念的新角度。

本书旨在用创新的形式使科学教育摆脱僵化的教学方法。公众对数学的印象是灾难性的：许多学生过早地放弃数学，显然，他们看不到它的趣味性。总的来说，科学是我们所有现代技术的支柱，数学是其中最关键的一环，而人们似乎认为它遥不可及。这本书旨在通过介绍现代科技的基本概念，消除这面知识壁垒，将科学与数学的深刻联系公之于众。

本书使用的教学方法处于科普领域的前沿，在不扭曲原意的情况下介绍科学概念——虽然有时也会为了便于表述而使用一些夸张的图像和类比。为了保证趣味性，我们将从最简单的数学概念开始介绍，然后逐渐加大难度。

最后，本书还会展示一些最新的科学理论成果，以强调数学与世界之间的深刻联系。最后几页是一份为更专业的读者准备的摘要，它的存在确保了本书是连贯的。

贯穿全书的应用程序纯属虚构。你在阅读时不需要任何电子产品，只需翻页就好……

拉美西斯·邦基·萨福

# 目录

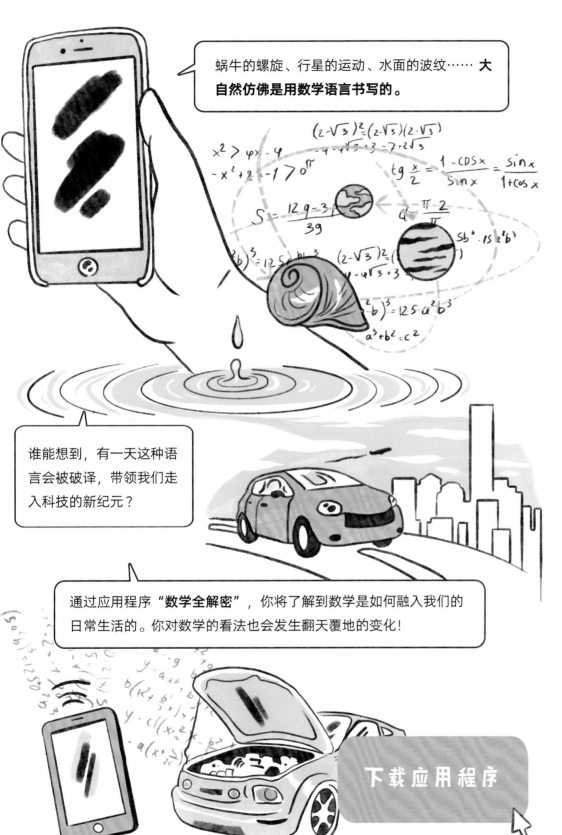

蜗牛的螺旋、行星的运动、水面的波纹…… **大自然仿佛是用数学语言书写的。**
谁能想到，有一天这种语言会被破译，带领我们走入科技的新纪元？
通过应用程序**“数学全解密”**，你将了解到数学是如何融入我们的日常生活的。你对数学的看法也会发生翻天覆地的变化！
下载应用程序

欢迎来到应用程序“**数学全解密**”！

别担心，这个程序适合所有人！不仅仅面向那些“有数学天赋的人”。

你会发现，你比自己想象的更强大！

实际上，数学并不完全指这些计算公式。

如果这就是你对数学的印象，那么其实，这只是现代人记录数学的方式而已。

数学有着悠久的发展历史，它从来都不是简单的。因此，那些“有数学天赋的人”一定是对复杂的写作方式感兴趣的人。

你不仅可以从纯理论的角度认识数学，还可以了解它是如何应用在日常生活中的 。
等于……
得到……
乘以……
施加……
数学只是一种方便我们生活的语言，仅此而已。
多亏了这种语言，我们才能更好地理解自然现象！
你是否在学校的数学课上备受打击？那么这个程序就是为你量身打造的！

你目前在“快速消费”购物中心……
你的位置
快速消费
购物中心
一层
促销
停车场
成衣
家用电器
弗里普时装
……的商店“弗里普时装”门前。
而今天是促销日！

这一切物品的创造过程都离不开数学。数学奇迹般地描述了我们的世界，正是通过掌握数学，我们才能拥有现代科技！这些都是工程师的工作。

坦白地说，我们不可能在一天之内吸收工程师用五年学到的东西……

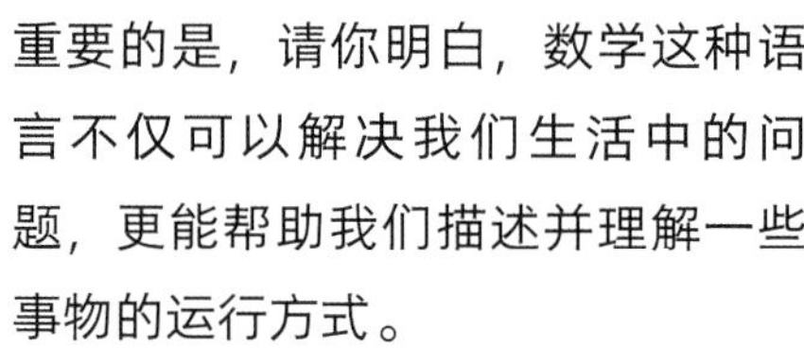

重要的是，请你明白，数学这种语言不仅可以解决我们生活中的问题，更能帮助我们描述并理解一些事物的运行方式。

你好像完全不明白我在说什么？我猜对了吧！好吧，让我们举一个简单的例子！

促销！
促销
-20%
请看橱窗中的标牌。
-20%
上面写着“-20%”。这些都是数学符号，不是吗？将店家的意思翻译过来就是：
将价格减去百分之二十！
这只是数学语言的另一种写作方式。
夹克的价格是 100 欧元，再减去 20% 的价格。那么夹克卖多少钱？
100
20 20 20 20 20 − 20
=
20 20 20 20 20
80
答案是 80 欧元！是的，这很简单。我接下来会保持这种难易程度，尽可能简单地向你解释那些概念。

80 欧元的结果是如何得到的？我们直观地做了一个 **“数学推理”**！
以下是推理过程的文字表述：
100欧元的20%是20倍的100欧元的1%。
100欧元的1%是1欧元。
所以，100欧元的20%，是20欧元。
再从100欧元中减去20欧元，就得到80欧元。
这些，是法国人对数学的表达方式。古代的数学写作就是这样——**全部用文字。**
数学·宇宙的语言

现在让我们看看如何用现代语言书写这一数学推理过程：

100 欧元 × 20% = (100 欧元 × 1%) × 20
100 欧元 × 1% = 1 欧元
所以100 欧元 × 20%=20欧元
100 欧元 - 20 欧元 = 80欧元

**它的意思与前面完全相同，但用不同的语言写成。**非常简便。如果你经常处理数字，这种方式比文字表达更方便。

如果将一整页的数学符号翻译成文字，能填满一本书……

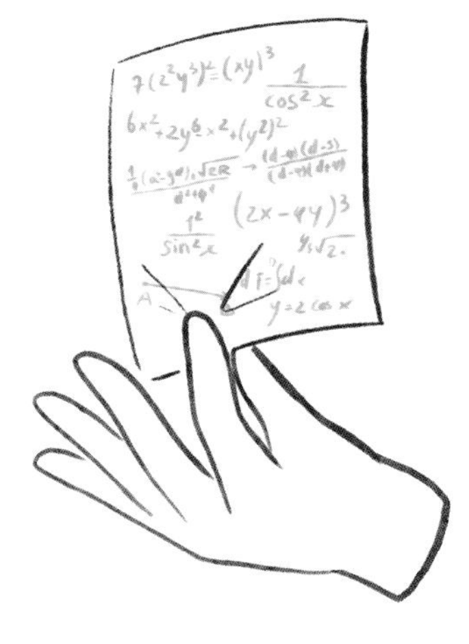

与其他语言一样，数学语言有自己的语法。我们在学校就接触过这些重要的规则！我知道，我知道，我唤醒了一些不好的回忆……这些规则包括乘法优先、方程的求解，等等。

这么一想，我很同情那些被迫死记硬背的学生，他们并没有真正理解这一切的含义。我们无需大费周折地做算数题便可知道，一些学校的教育是失败的。

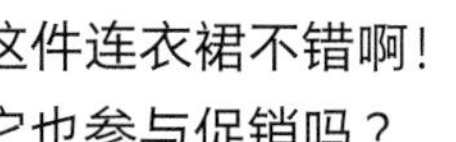
弗里普时
这件连衣裙不错啊！
它也参与促销吗？

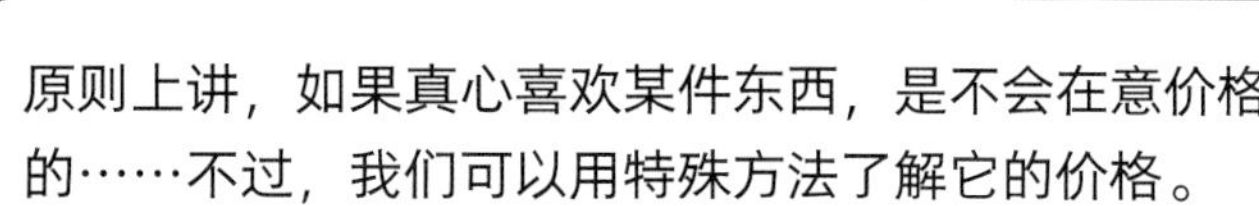
原则上讲，如果真心喜欢某件东西，是不会在意价格的……不过，我们可以用特殊方法了解它的价格。
连衣裙
促销！
欧元

三条裙子、两双袜子……
共计155欧元。

这名顾客买的是同一件连衣裙吗？你没听错：**三条裙子和两双袜子一共155欧元。**
这些信息足够让我们算出连衣裙的价格！

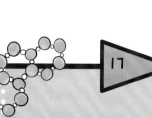

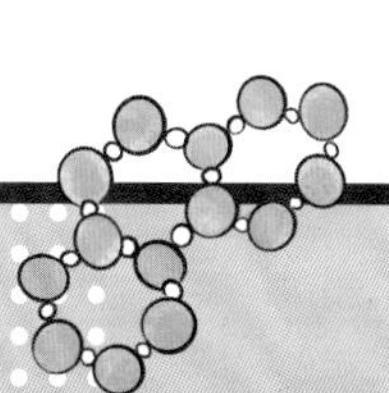

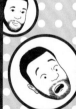

袜子：4欧元
看到了吗？
**一双袜子的价格是：4 欧元。**


总的来说，这就是我们在学校做的那种习题。很多学生难以掌握用数学寻找答案的方法。

首先，我们要了解问题本身。让我们从画图开始。

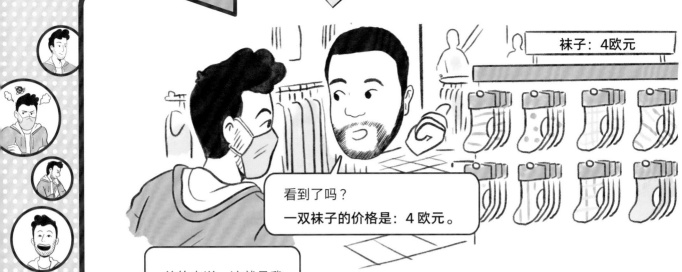

我们在右侧画了三条连衣裙和两双袜子，以及它们的价格：155 欧元的现金。

50

50

50

5

1 1

1 1

我们继续画出另外一个已知条件，即一双袜子价值 4 欧元。

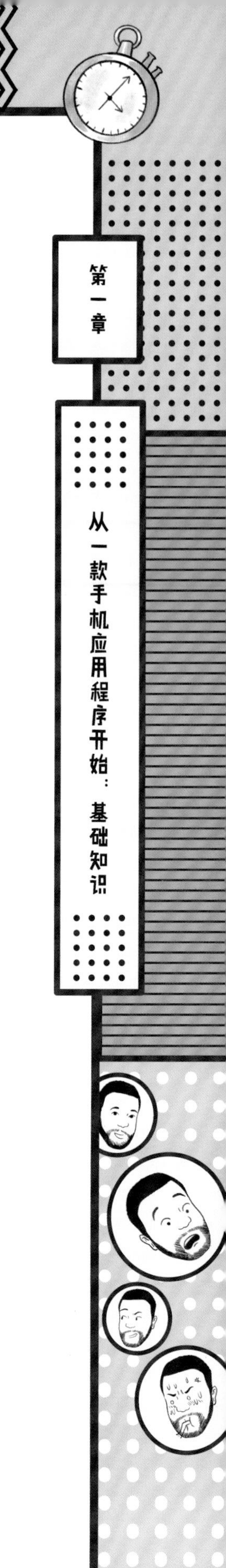


我们在两双袜子上方各放置4欧元，将剩下的147欧元放在三条连衣裙的上方。

155欧元

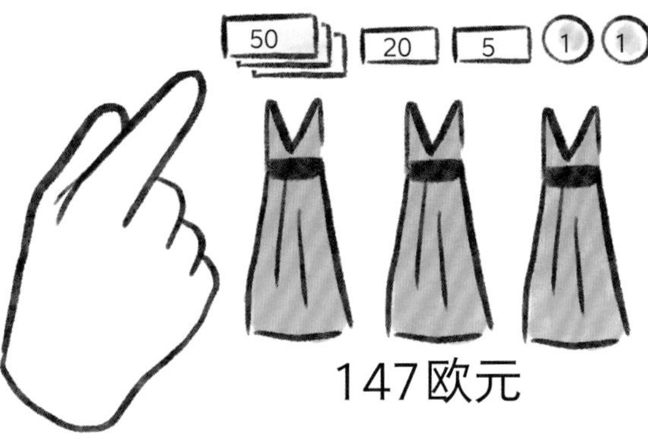

147欧元

然后，我们将上述余下的金额平均分配给三条裙子……

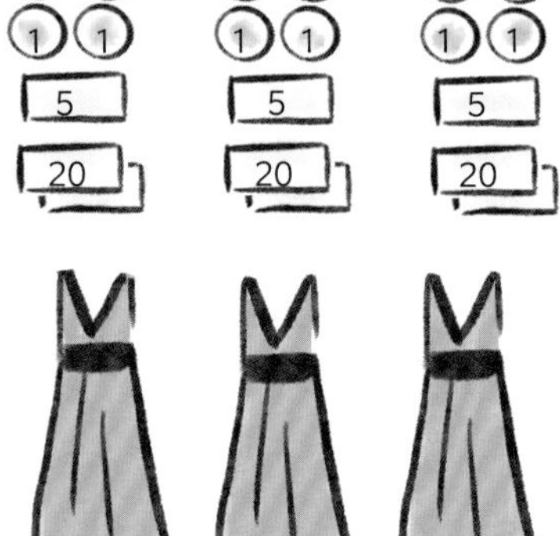

由此便得出一条裙子的价格为49欧元!

49欧元

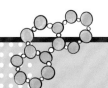

这理解起来不是太难吧？下面是针对同一个问题，学校教育的解决方法！

设 $x$ 为一条连衣裙的价格，$y$ 为一双袜子的价格

$3x+2y=155$

由于一双袜子的价格是4欧元，所以

$y=4$

$3x+2\times4=155$

$3x+8-8=155-8$

$3x=147$

$x=147/3$

$x=49$

连衣裙

49 欧元

促销！

不幸的是，上面的解题方法对学生不是很有吸引力……

两件外套和一条裤子……
一共是167欧元。

167€

三件外套和两条裤子……
一共是275欧元！

275

我们可以算出外套的价格！

请放心，只要遵循特定的逻辑，计算过程就不会很复杂。我重述一次，我们不会像在学校里那样做数学题，这个应用程序可不是数学课本。

让我们从画图开始解决问题。
在左侧，我们画出两件外套、一条裤子和相应的金额 167 欧元。在右侧，我们画出三件外套、两条裤子和相应的金额 275 欧元。

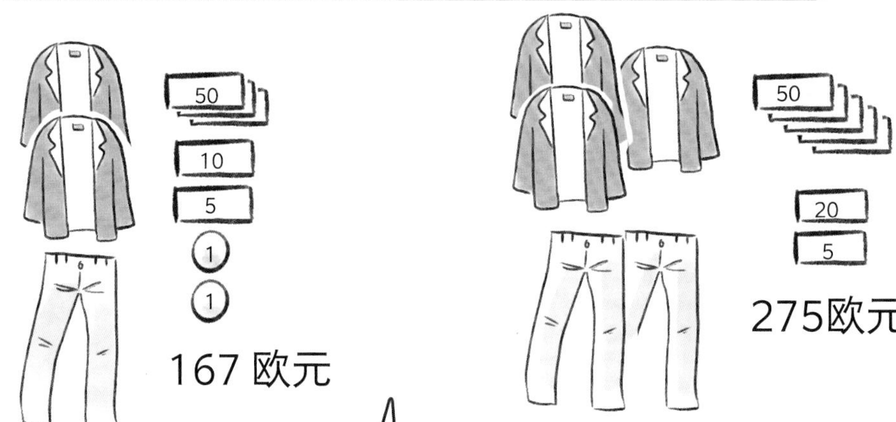
50
10
5
1
1
167 欧元
50
20
5
275欧元
我们要做的是将左边的衣服和金额加一倍！同样再画一遍右侧的衣服，以免待会儿忘记。

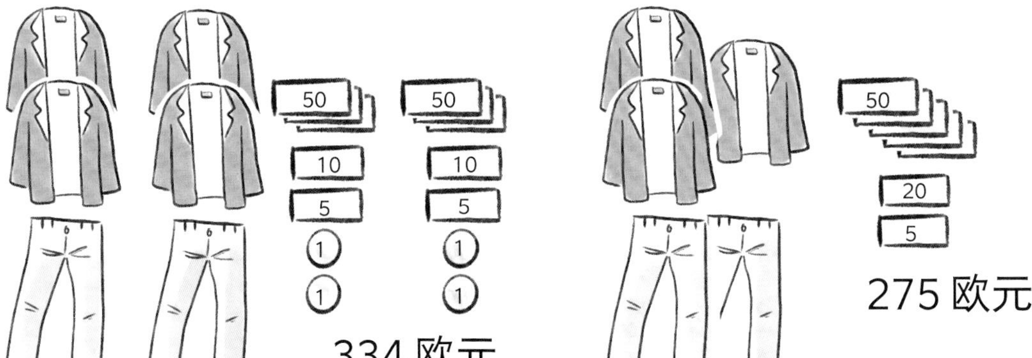
50
10
5
1
1
50
10
5
1
1
334 欧元
50
20
5
275 欧元
我们发现，与右侧相比，左侧的衣服只多了一件外套！

数学·宇宙的语言

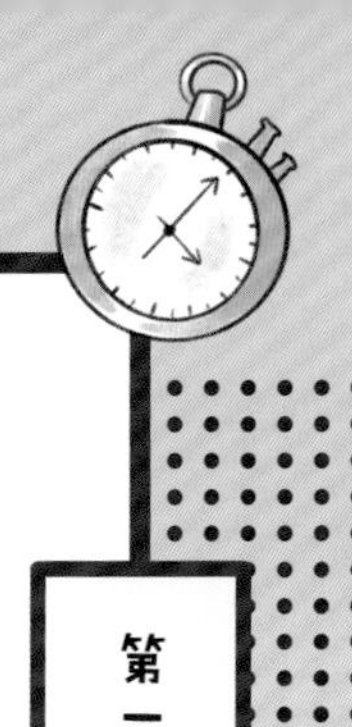

我们将左侧的衣服和金额重新排列，列出三件外套、两条裤子，剩下的即是一件外套的价格！
50
20
5
275欧元
334欧元
50
5
1
1
1
1
59欧元
50
20
5
275 欧元
因此，一件外套的价格为 59 欧元。
59
这一点也不难，对吧？

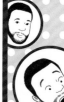

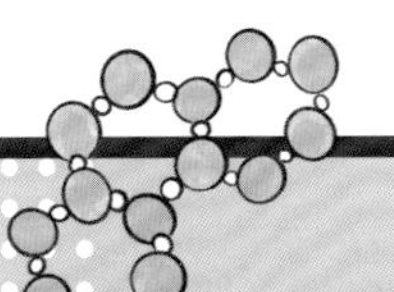

这就是数学。你不用像在学校里那样列公式。

用现代数学术语来讲，我们刚刚所做的事情被称为“解含有两个未知数的方程组”。现代数学家将其写成以下形式：

$$a x + b y = c$$

$$a' x + b' y = c'$$

他们热衷于寻找未知数x和y。
这个问题很难破解……
破译，迈克……
是破译！

以上就是我们在学校里学到的术语。下面是中学数学的课程给出的解决方案：

设x为一件外套的价格，y为一条裤子的价格

$$\begin{cases} 2x + y = 167 \\ 3x + 2y = 275 \end{cases}$$

$$\begin{cases} 2\times(2x + y) = 2\times167 \\ 3x + 2y = 275 \end{cases}$$

$$\begin{cases} 4x + 2y = 334 \\ 3x + 2y = 275 \end{cases}$$

$$4x + 2y-(3x + 2y) = 334-275$$

$$x = 59$$

然而，有些学生在中学就放弃了学习数学……

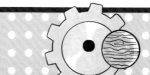

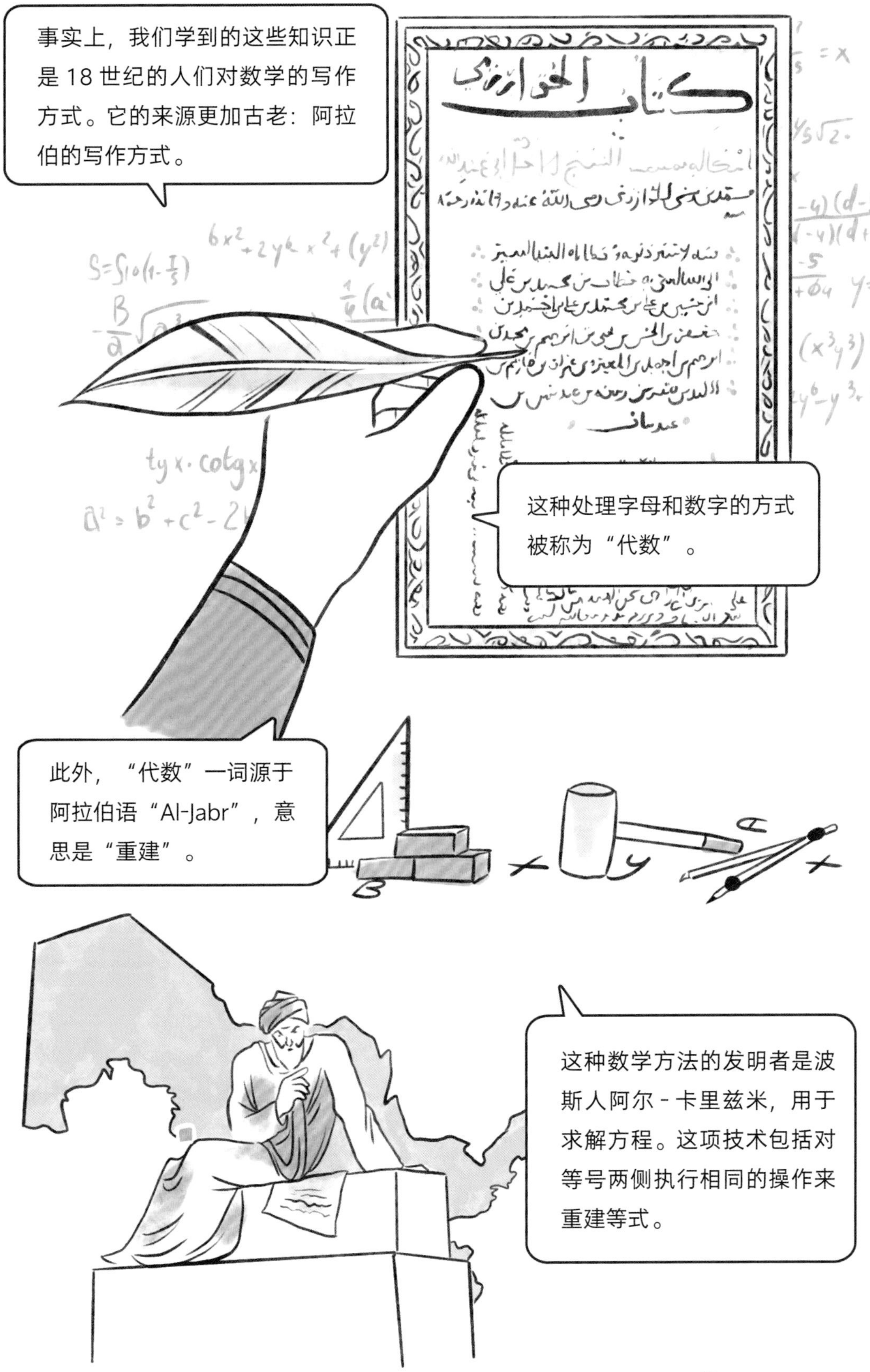

事实上，我们学到的这些知识正是 18 世纪的人们对数学的写作方式。它的来源更加古老：阿拉伯的写作方式。

这种处理字母和数字的方式被称为“代数”。

此外，“代数”一词源于阿拉伯语“Al-Jabr”，意思是“重建”。

这种数学方法的发明者是波斯人阿尔 - 卡里兹米，用于求解方程。这项技术包括对等号两侧执行相同的操作来重建等式。

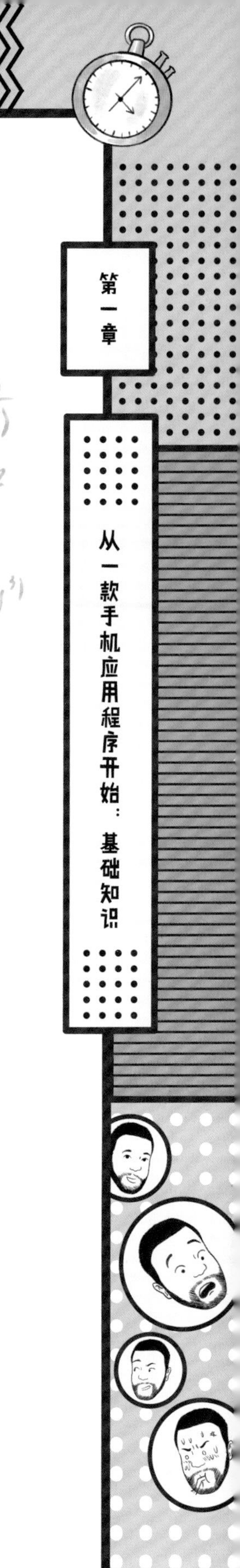

例如，让我们来看下面的等式：

$$? \times 3 + 2 = 14$$

通过在等号的每一侧删除 2，我们得到：

$$? \times 3 + 2 - 2 = 14 - 2$$

即：

$$? \times 3 = 12$$

通过在两边同时除以 3，我们得到：

$$? \times 3/3 = 12/3$$

即

$$? = 4$$

这种方法使数学发生了彻底的改变，至今仍被广泛使用。它的确是现代数学的基石。

这个原理随后通过斐波那契被意大利人借鉴，并在文艺复兴时期被广泛研究。

这也是“减号”符号的来源，因为重建等式的时候经常用到它。

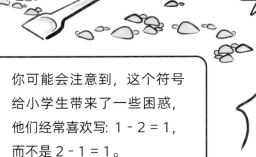

你可能会注意到，这个符号给小学生带来了一些困惑，他们经常喜欢写：1 - 2 = 1，而不是 2 - 1 = 1。

对他们来说，前者似乎更直观，这倒也不无道理！因为阿拉伯文是从右往左阅读的。在翻译那些著作时，意大利人没有考虑到这种阅读习惯。这太糟糕了……

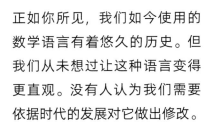

正如你所见，我们如今使用的数学语言有着悠久的历史。但我们从未想过让这种语言变得更直观。没有人认为我们需要依据时代的发展对它做出修改。

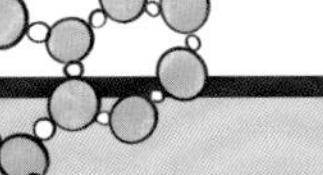

如果你感兴趣，还有另一种更直观的数学写作方式。最简单的方法是用数学语言替代我们的图画。三条裙子和两双袜子的价格共计 155 欧元。一双袜子的价格为 4 欧元。我们这样记录：

3 | 
2 | 
‖ 155 欧元

1 | ‖ 4 欧元

2 | ‖ 2 | 4 欧元

由于一双袜子的价格是 4 欧元，两双袜子的价格便是 4 欧元的 2 倍，即 8 欧元。

2 | ‖ 8 欧元

3 | ‖ 147 欧元
2 | ‖ 8 欧元

你知道如何理解这些数学语言吗？此外，我们可以分开写三条裙子和两双袜子的价格。

3 | ‖ 3 | 49 欧元
2 | ‖ 8 欧元

我们可以看到，一件裙子的价格是 49 欧元。

在这种语言中，我们不使用加号。

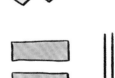

在图中，乘号被表示为一条竖线，等号则是双竖线。

接下来，我们用同样的方法解决第二个问题。两件外套和一条裤子价值167 欧元。三件外套和两条裤子价值 275 欧元。
两件外套和一条裤子
2
1
167 欧元
三件外套和两条裤子
3
2
275 欧元
2
2
1
2
167欧元
4
2
334 欧元
3
2
275 欧元
1
59欧元
你不觉得这种新的计算方式很便捷吗？此后，我们会不时借助这种语言来简化问题。

啊啊啊！这不可能！
你又打败我了！
?
时装
这是向量游戏。你熟悉这个游戏吗？

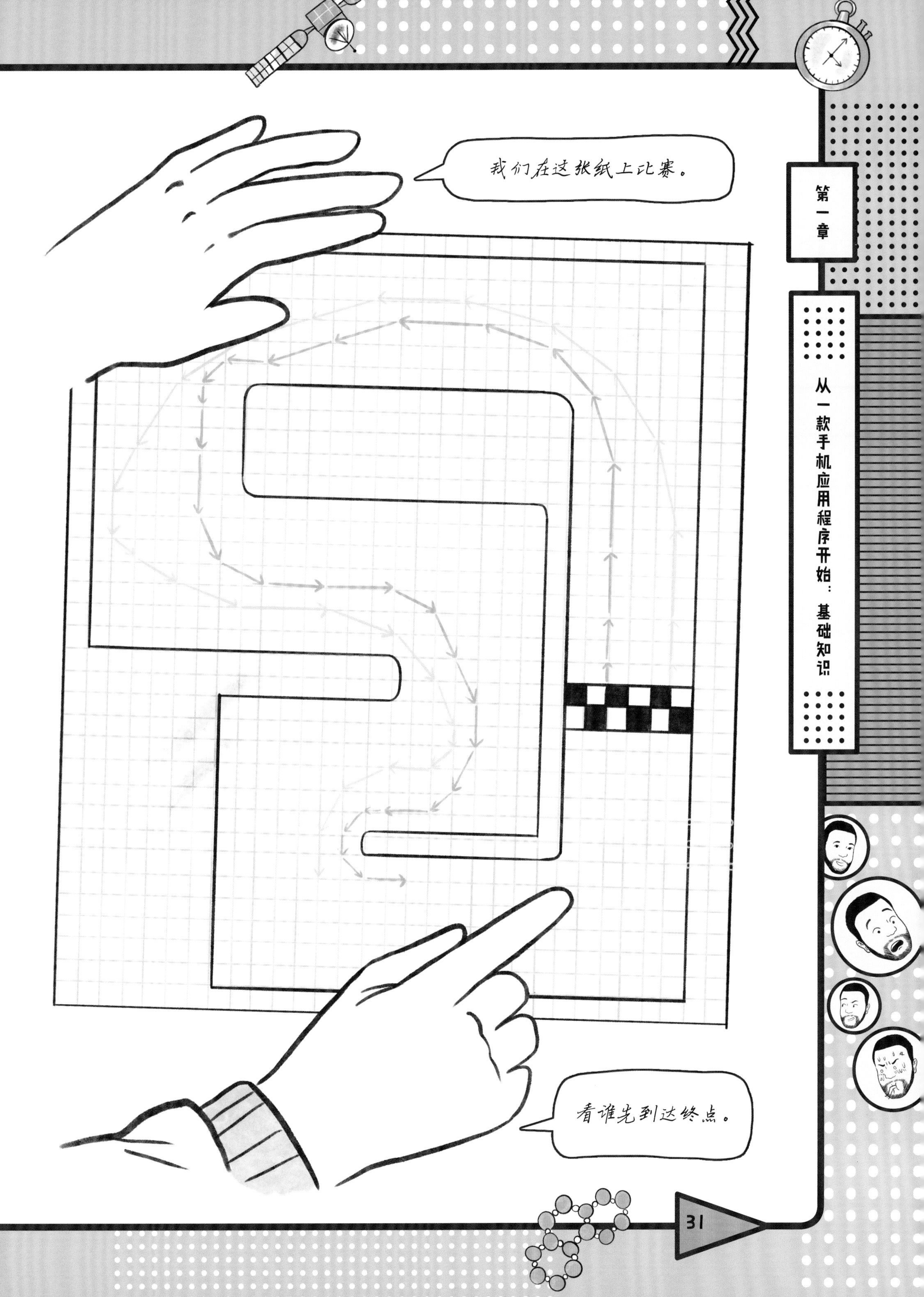
我们在这张纸上比赛。
看谁先到达终点。

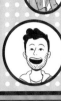

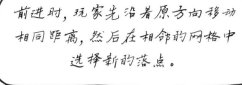

前进时，玩家先沿着原方向移动相同距离，然后在相邻的网格中选择新的落点。

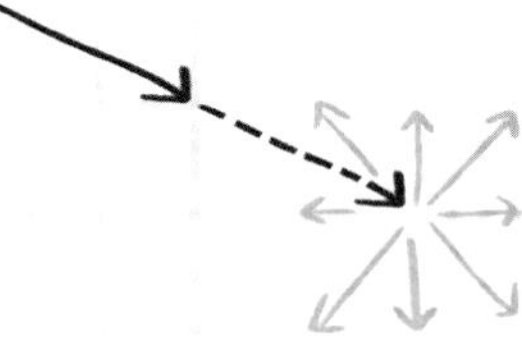

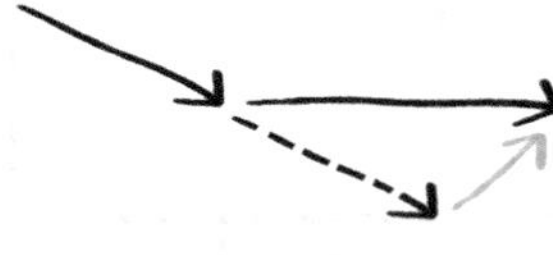

玩家可以适当加速或减速，长箭头即表示加速，短箭头即表示减速。

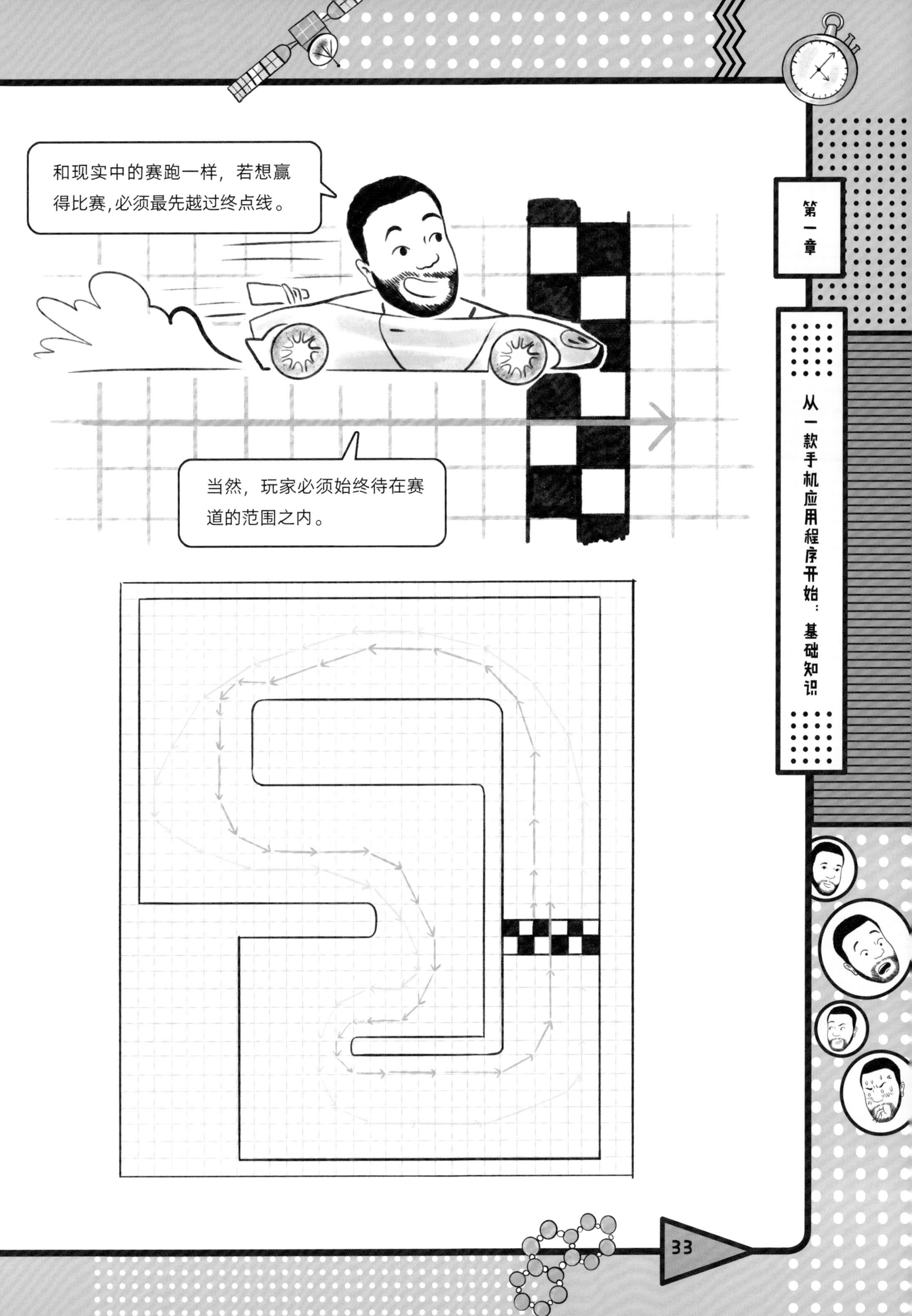
和现实中的赛跑一样，若想赢得比赛,必须最先越过终点线。
当然，玩家必须始终待在赛道的范围之内。

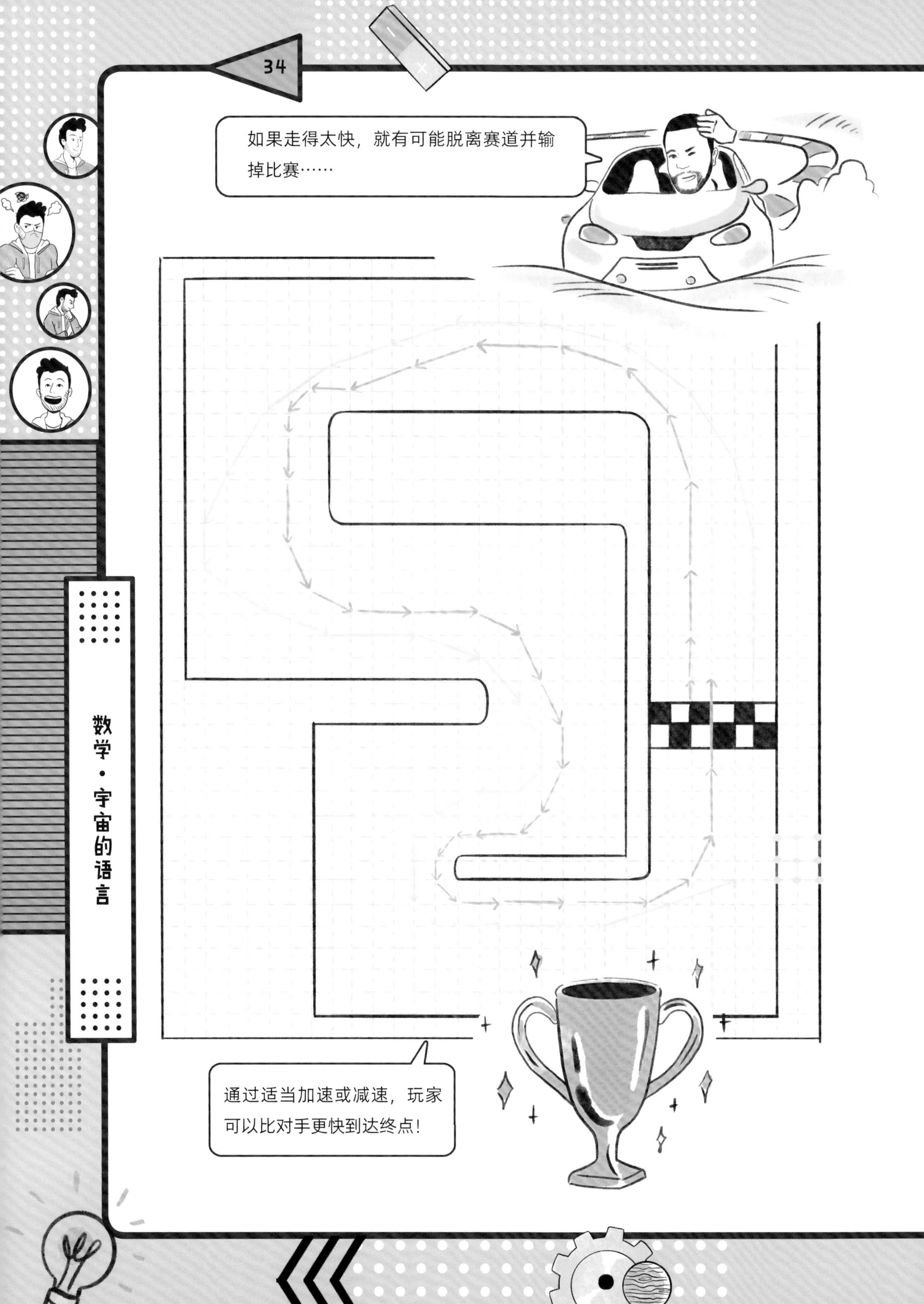
如果走得太快，就有可能脱离赛道并输掉比赛……
通过适当加速或减速，玩家可以比对手更快到达终点！
数学·宇宙的语言

我赢了！
这些首尾相连的箭头被称为"向量"，游戏的名称来源于此。
身边的朋友都喜欢这个游戏。
大家用它在数学课上消磨时间，因为有时候我们会走神……是的，我们经常这样！
为了增加趣味性，我们自己制定了一些规则！
例如，在某些区域会走得更快，或者在赛道上设置障碍物。
第一章
从一款手机应用程序开始：基础知识

**向量游戏**是一个趣味横生的多人游戏！
在赛道上，可以添加一些特殊的规则。例如，在阴影区域移动时，只能按原样复制前一个箭头。如果赛道被隔断，那么必须加速才能横穿沟渠！你可以创造自己的赛道和规则。
游戏厅
如果你喜欢玩游戏，可以去游戏厅看看。
这是附近最好的游戏厅！

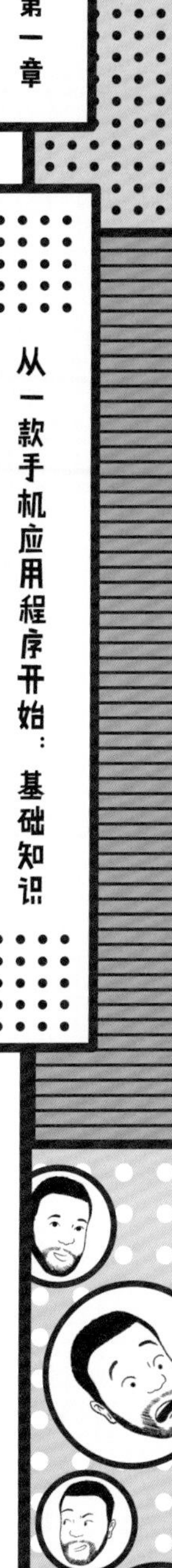

是的，我知道，现在日子很艰难……但是我们不能露脸，必须戴上口罩！
戴口罩的目的是减少病毒的传播，以扼杀流行病。


如果一个人平均向两个人传播病毒，后者同样这样做，最终会出现 4 个感染者。

如果我们顺着这个逻辑推导，那么接下来会产生的感染人数为 2×4 = 8，然后是 2×8 = 16，然后是 32，64，128，256，512，1024，2048……

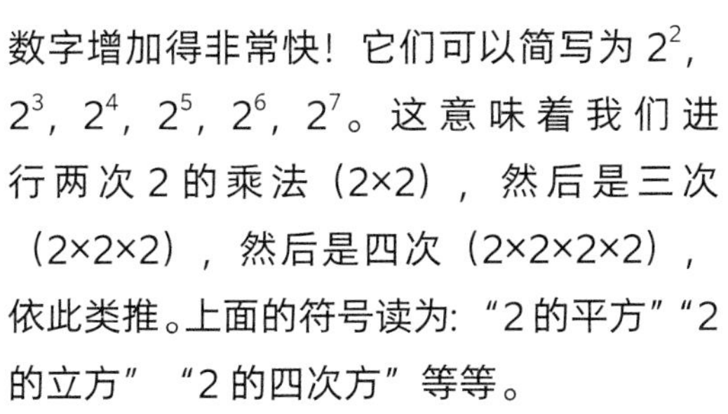

数字增加得非常快！它们可以简写为 $2^2$，$2^3$，$2^4$，$2^5$，$2^6$，$2^7$。这意味着我们进行两次 2 的乘法（2×2），然后是三次（2×2×2），然后是四次（2×2×2×2），依此类推。上面的符号读为："2 的平方""2 的立方" "2 的四次方"等等。


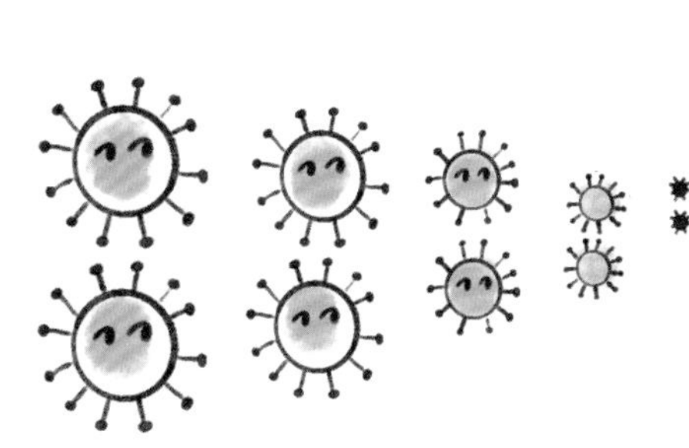

你可能在新闻中听说过“病毒感染率”一词，意思是平均每个病人会感染的人数。流行病学家用字母 R 表示这个数值。

在第一阶段，一个病人会感染 R 人，而这 R 人又会感染其他 R 人，这就是 $R \times R = R^2$，总的来说感染的人数变得更多。

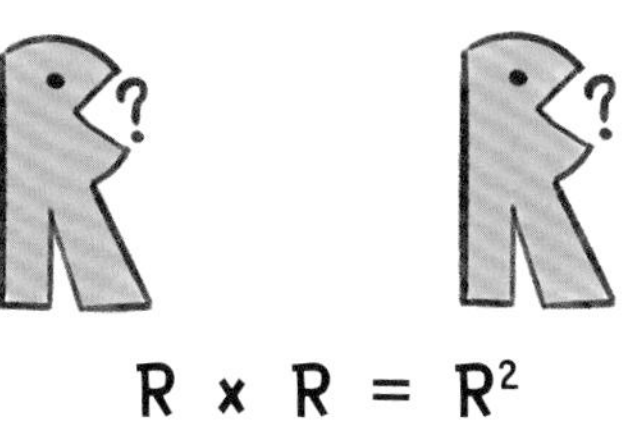


在下一阶段，感染者数量将增加 $R \times R \times R = R^3$，然后是 $R^4$，然后是 $R^5$，依此类推。

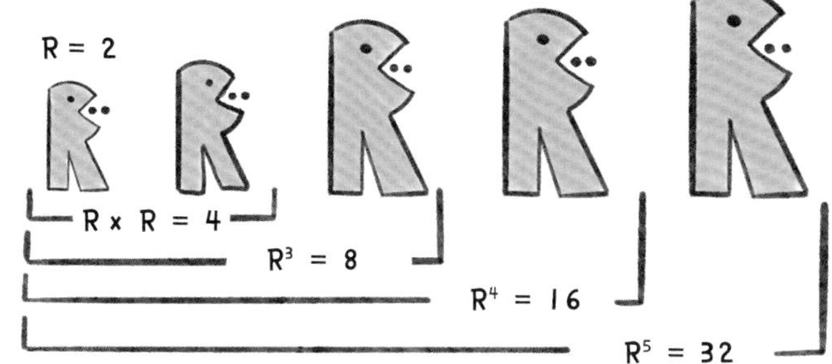


如果 R 值大于 1，则感染人数会快速增加！如果 R 值小于 1，则会快速下降，而流行病也会结束。

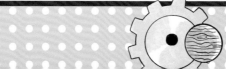

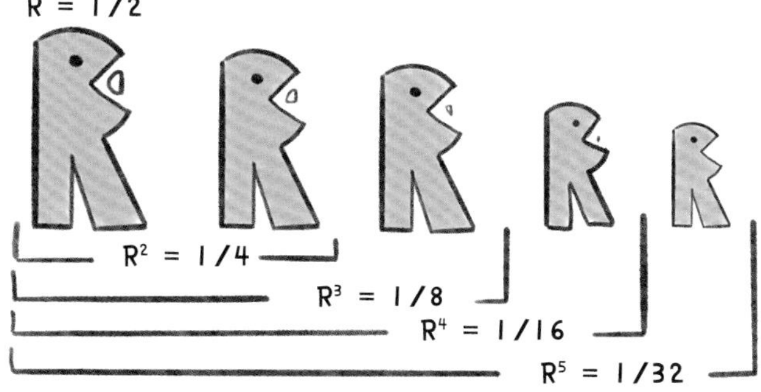


口罩有助于将病毒的感染率保持在 1 以下。

真棒！他们有台球桌！
你知道游戏原则。
我们将台球从三角形的
摆球架中取出。
1
10
3
6
8
13
9
4
15
2
14
11
5
12
7
5
然后用球杆击球，产生
一连串的碰撞！
第二章
台球与炮弹：关于运动的一些事

当你击打一只球，它会做匀速直线移动。

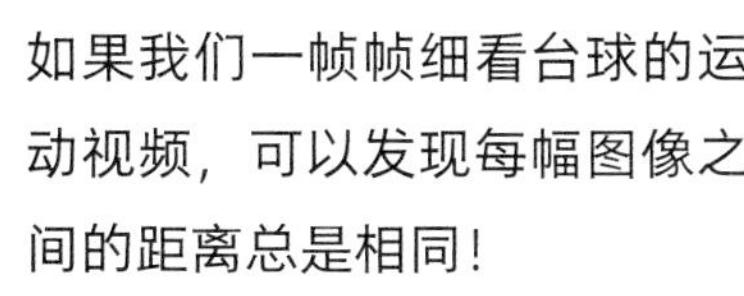

如果我们一帧帧细看台球的运动视频，可以发现每幅图像之间的距离总是相同！

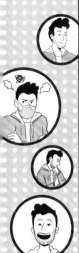

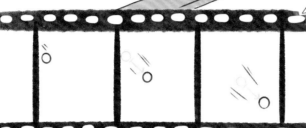

这是每秒 10 帧的图像。我也可以给您拍成每秒 20 帧，结论是一样的！

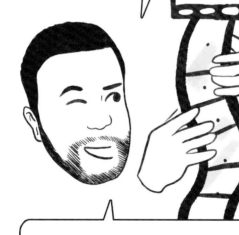

不过，有趣的是，球的运动过程非常有规律……

如果没有任何阻力，一个物体将始终做匀速直线运动。这是物理学家所说的“**惯性原理**”。伽利略在 1632 年首次提出这个原理。

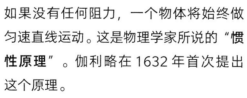

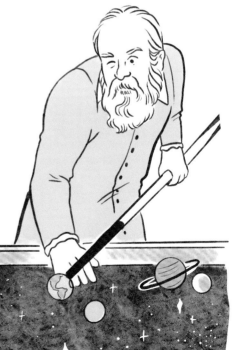

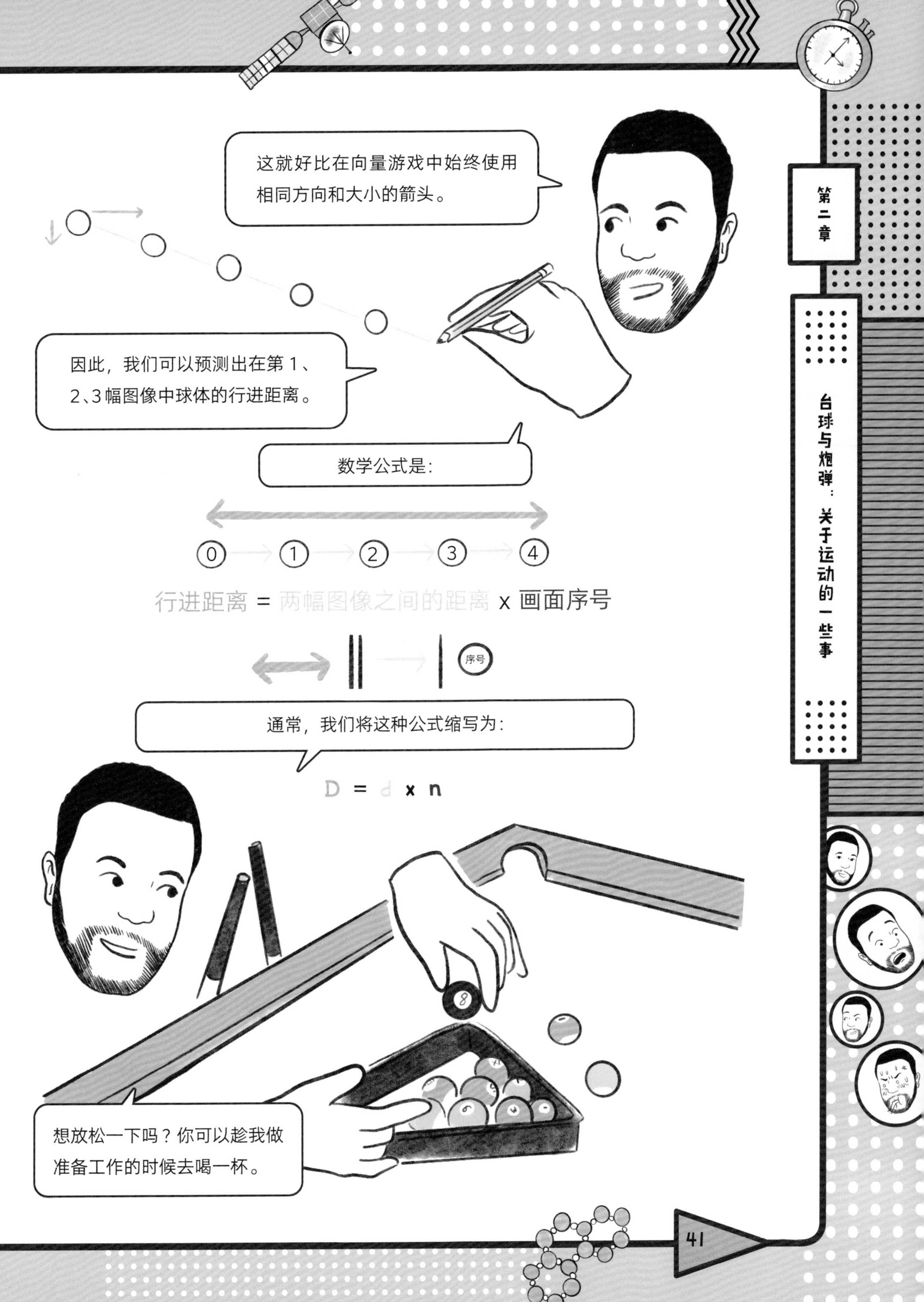

这就好比在向量游戏中始终使用相同方向和大小的箭头。
因此，我们可以预测出在第 1、2、3 幅图像中球体的行进距离。
数学公式是：
0
1
2
3
4
行进距离 = 两幅图像之间的距离 x 画面序号
序号
通常，我们将这种公式缩写为：
D = d x n
想放松一下吗？你可以趁我做准备工作的时候去喝一杯。
第二章
台球与炮弹：关于运动的一些事
8

先生，请您在排队时保持安全距离。

小心！

没撞到哪里吧？

喔呦！我刚才很担心您的情况，可不想闹出人命啊……

您刚才吓了一大跳呢！我都拍下来了！
第二章
台球与炮弹：关于运动的一些事

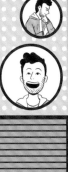

请观察球体坠落的运动，一帧帧仔细看，每秒钟有 10 帧画面。

每两帧画面之间的距离分别为：10 厘米、20 厘米、30 厘米、40 厘米、50 厘米……是不是很奇怪呢？这可不是我乱编的。你也可以用其他不同的物体来重复这一场景。

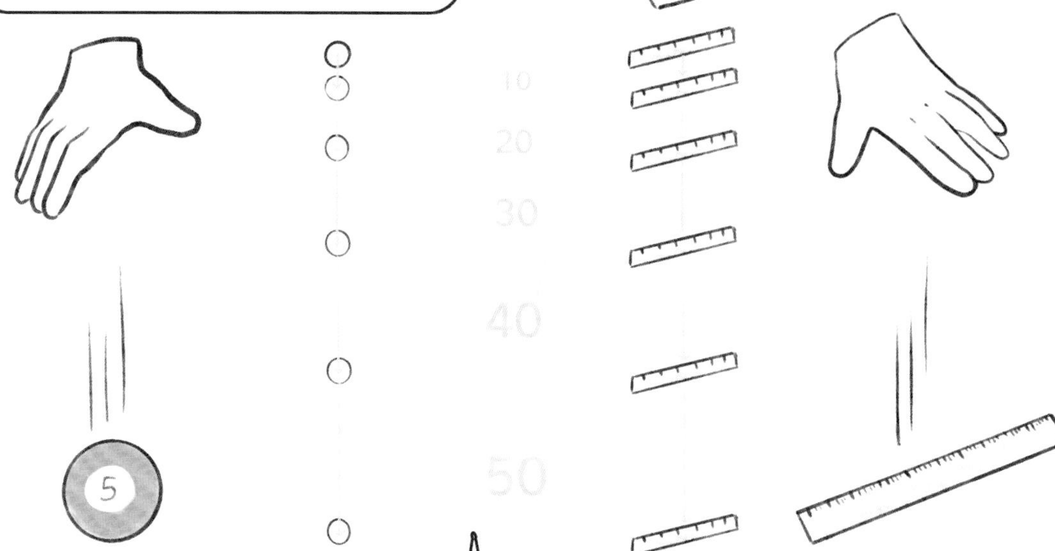

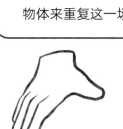

你会发现，结果是一样的。所有的物体以相同的速度坠落，这与它们的质量无关。

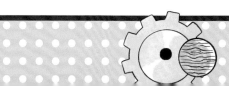

文艺复兴时期，伽利略指出，物体以相同的速度坠落。
在他之前，人们认为轻的物品会落得更慢，比如一片羽毛或一张纸。这是亚里士多德的定律。

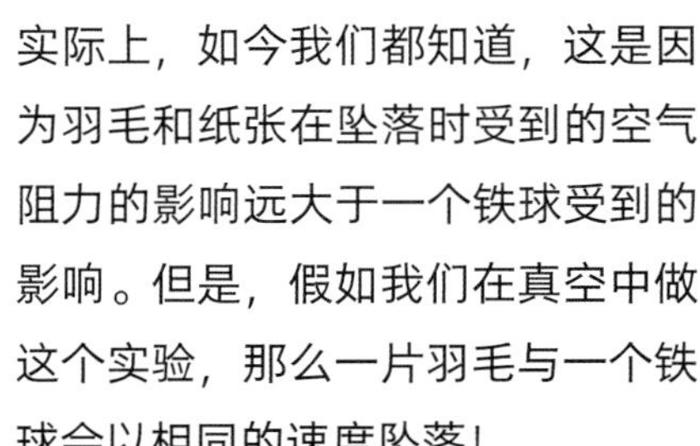
实际上，如今我们都知道，这是因为羽毛和纸张在坠落时受到的空气阻力的影响远大于一个铁球受到的影响。但是，假如我们在真空中做这个实验，那么一片羽毛与一个铁球会以相同的速度坠落！

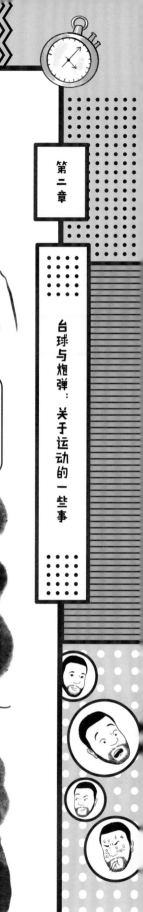

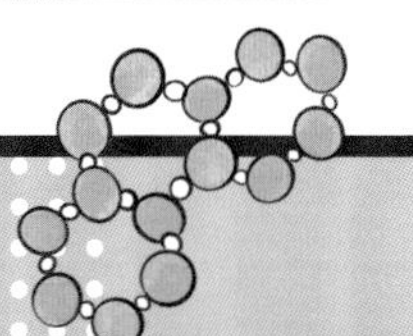

亚里士多德还认为，物体运动是因为受到漩涡的推动。

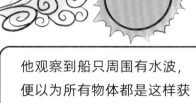

他观察到船只周围有水波，便以为所有物体都是这样获得动力的。

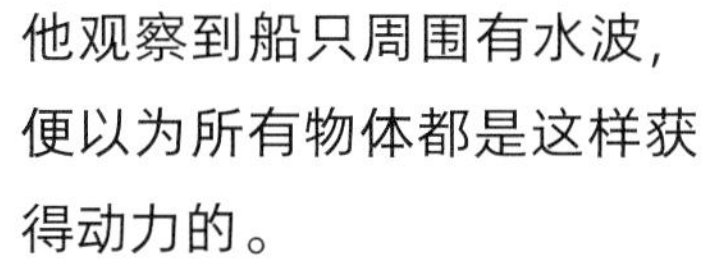

亚里士多德的哲学理念与当时的宗教信仰不谋而合，他认为地球是宇宙的中心。在那个时代，人们无法想象地球是围绕太阳旋转的。他们认为，如果地球在旋转，那么大家就一定感知到地球的运动。

在伽利略的时代，对亚里士多德的哲学观点提出质疑是一件极其危险的事……

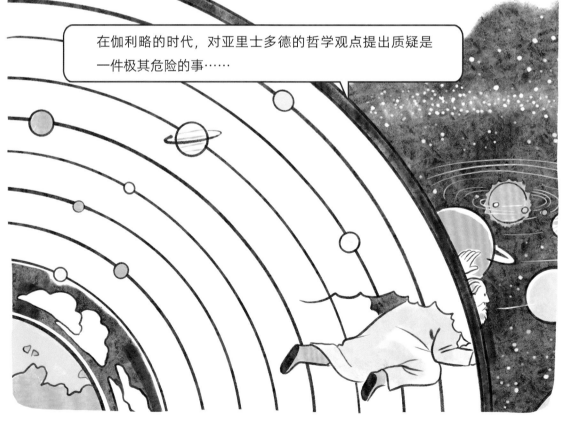

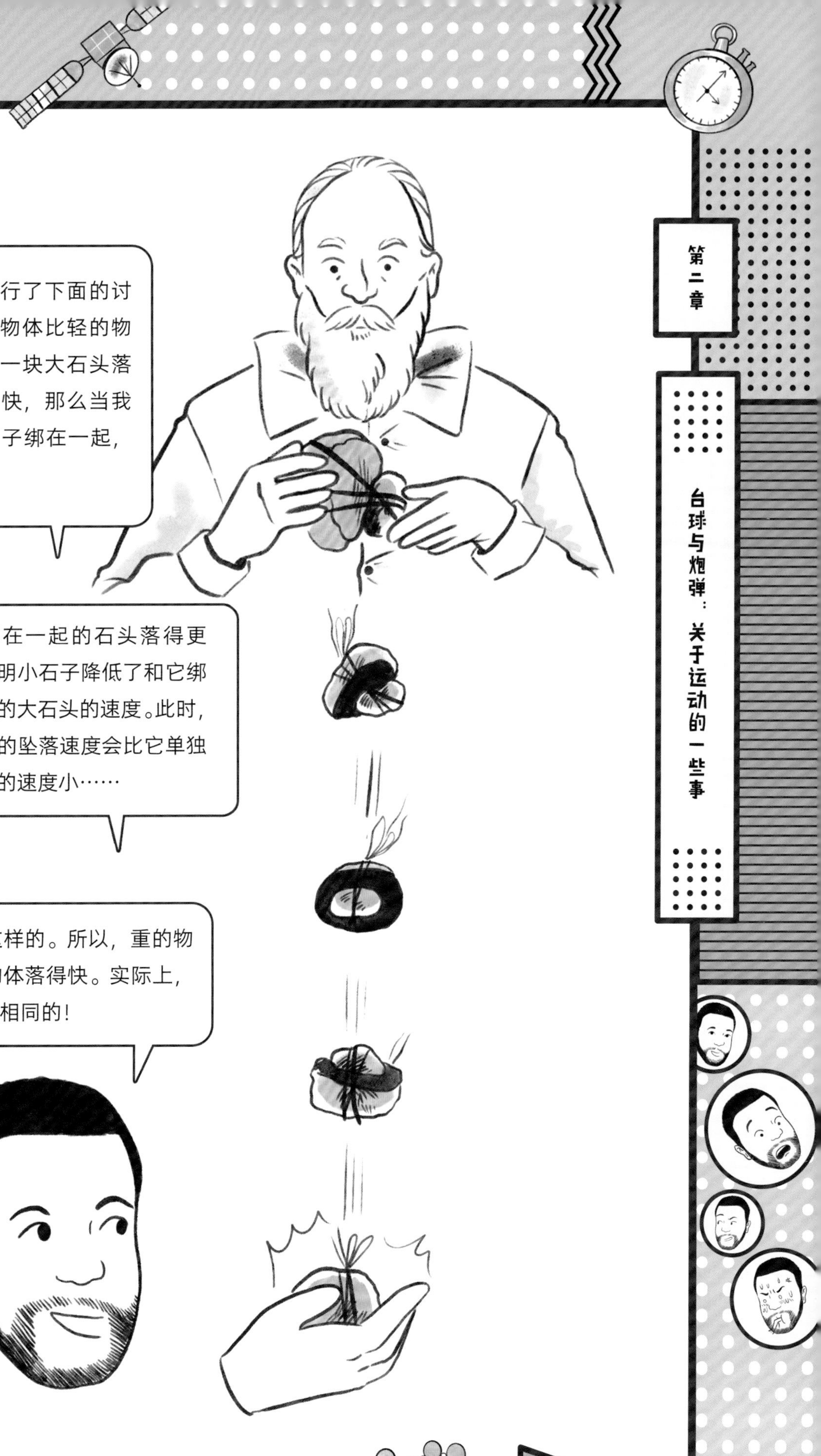
然而，伽利略进行了下面的讨论：如果说重的物体比轻的物体落得快，比如一块大石头落得比一颗小石子快，那么当我把大石头和小石子绑在一起，情况会如何呢？
如果绑在一起的石头落得更慢，说明小石子降低了和它绑在一起的大石头的速度。此时，大石头的坠落速度会比它单独落下时的速度小……
但事实明显不是这样的。所以，重的物体不一定比轻的物体落得快。实际上，它们的坠落速度是相同的！

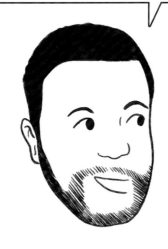

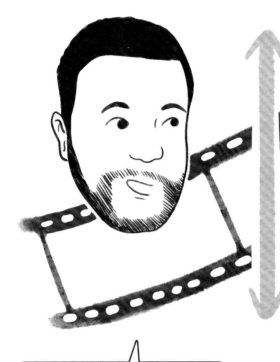

让我们重新回到球体坠落的运动。

我们看到，每一个箭头的长度和画面的序号成正比。也就是说，它们随着画面序号的增加而增长。

在数学语言中，这种比例的数字是固定的，我们称之为“**比例常数**”。

箭头的长度

=

*比例常数*

x

画面序号

L = 10 x n

L | 10 | 序号

在这里，比例常数为 10。

150 = 10 x 15

以厘升为体积单位的水和以克为质量单位的水的比例常数也是 10。比例常数是现代物理学中的一个基本概念，如果你在后文反复看到这个名称，请不要惊讶！

这就像我们在向量游戏中用直线在 10 厘米边长的方格上所展现的加速过程。

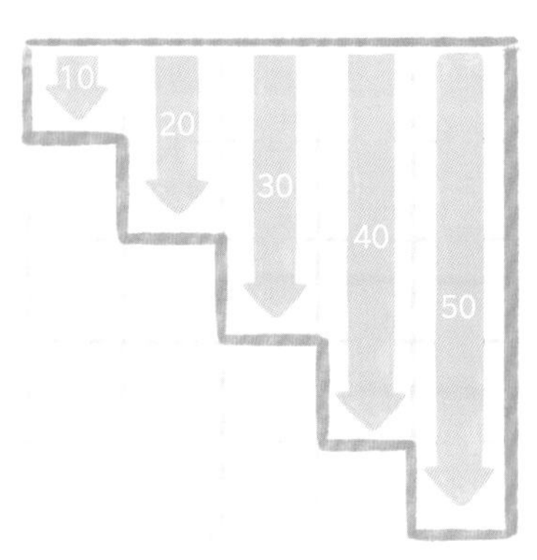

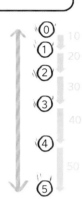

如果将这些箭头绘成一幅简单的图表，我们便可以用方格的数量来反映箭头的长度。也就是说，我们可以计算出有多少个 10 厘米。

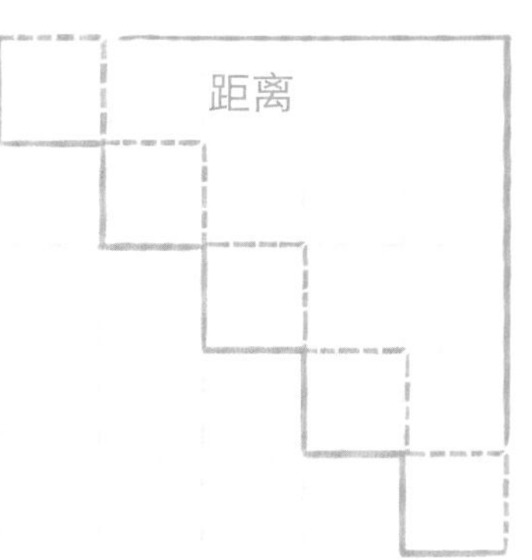


如果将以下的数字加起来，即 1 + 2 + 3 +……+ “画面序号”，就可以计算出箭头的长度。

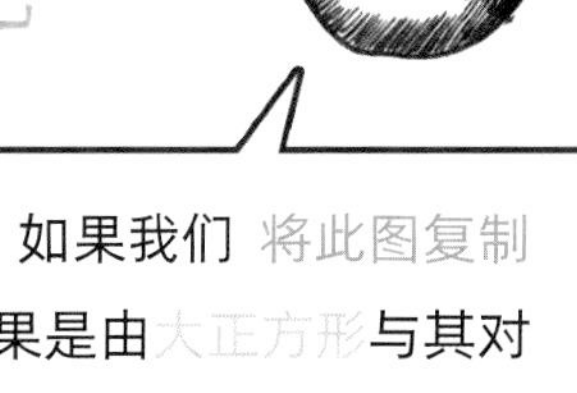

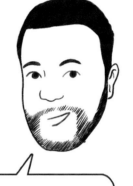

在此示例中，我们只展示前 5 幅画面。如果我们将此图复制一次，会得到总计 30 个方格。这个结果是由大正方形与其对角线的方格数量相加得出的（25 个方格 +5 个方格）。

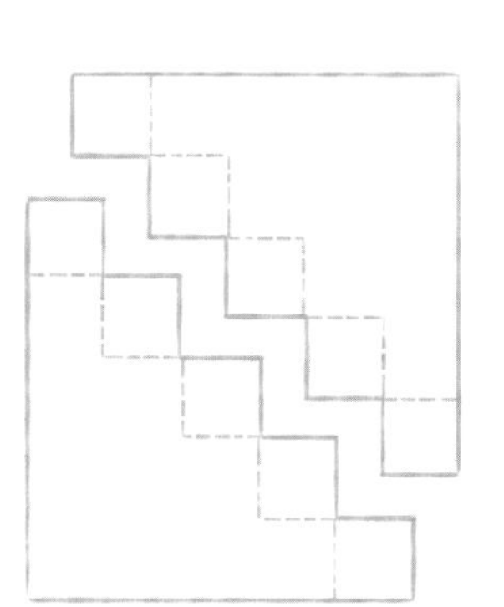

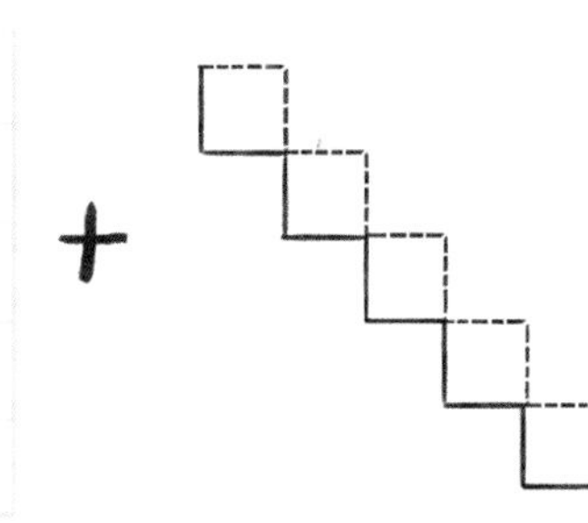

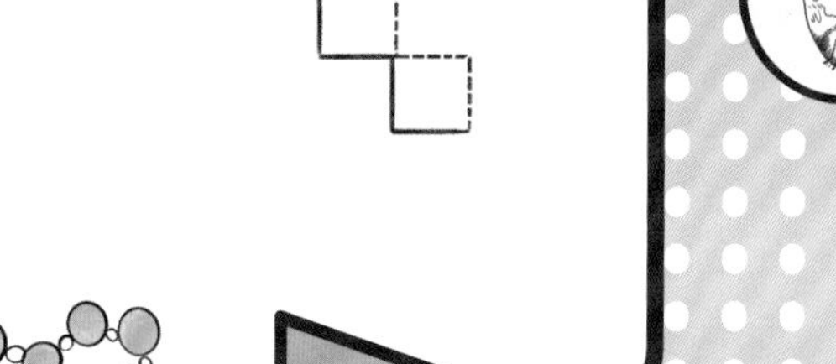

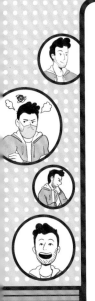

大正方形由方格组成，其数量等于画面序号乘以它自己。对角线的方格数等于画面序号。

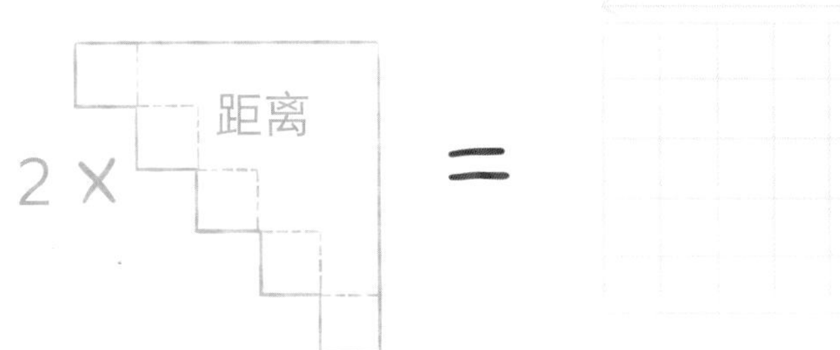


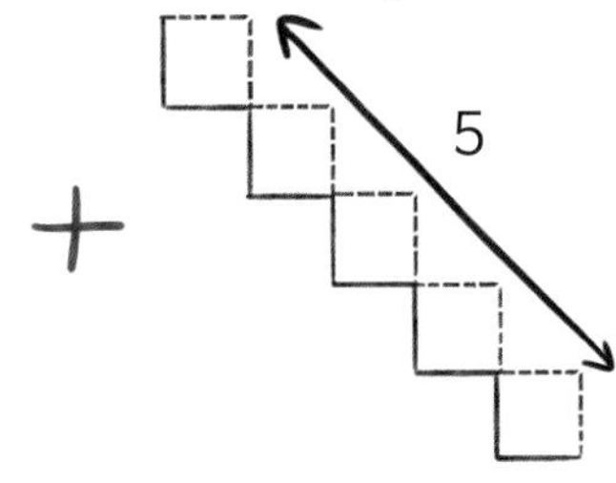


2 × 距离 = 5 × 5 + 5

当然，我们也可以展示 6 或 7 幅画面，或任意数字，不需要一定是 5 幅！我们可以用“画面序号”替换数字 5，这样便得到预测物体位移的数学公式！

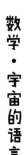

2 × 距离 = 画面序号×画面序号 + 画面序号

数学家将其简写为：

**2 x D = n x n + n**

在我们的新语言中写作：

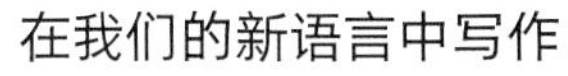

最后，我们需要找到计算 1 + 2 + 3 + … + n 的数学公式。数学家称之为“数字序列的和”。

$$1 + 2 + 3 + \cdots + n = (n \times n + n)/2$$

说实话，他们想不出更简单的名字了吗？

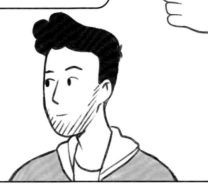

如你所见，如果提前知道这个数学公式，我们的进度会更快。这就是数学的全部意义。如今我们发现，那些由数学家发明的复杂公式有很大用处，虽然他们当时并没有什么目的。他们研究数学只是为了乐趣，而这种乐趣有个名字：纯数学。当人们带着具体目的使用数学时，它便叫作应用数学。

顺便说一句，文学有着类似的分类。以娱乐为目的的法语写作被称为文学。一些文学作品甚至撼动了法律。而法律文本之于文学，就像应用数学之于纯数学。

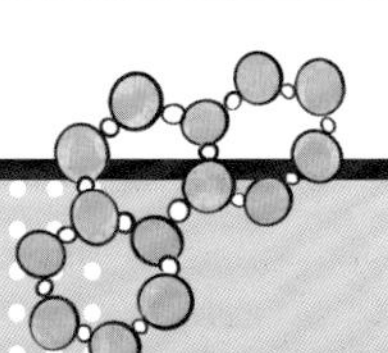

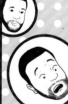

工程师们可以用数学方法准确计算出物体的坠落情况。例如，军方可以确切地预测出炮弹坠落在多远的地方。

如果你知道炮弹的初始速度，只需在每幅画面中按原样复制箭头并将它向下移动一个方格作为落点。你会得出一条很熟悉的运动轨迹。

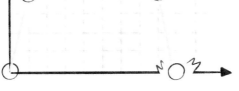

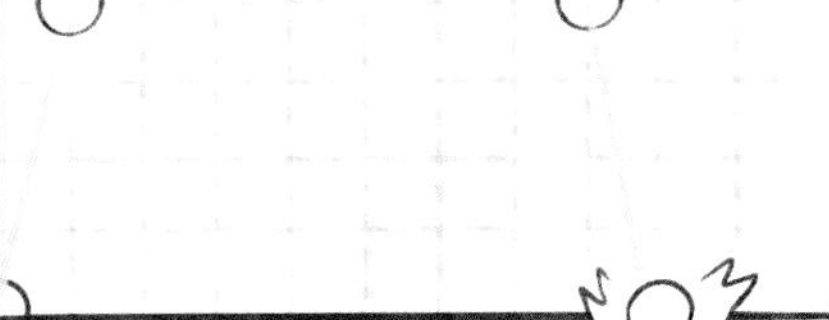

想要瞄准某个特定的点，只需找到正确的角度便大功告成！

你可以愉快地亲手模仿这个过程，也可以用数学找到答案！

你会发现，炮弹每次水平移动的方格数始终相同。垂直方向的方格数则发生变化，因为我们每次都将其下移一个方格。

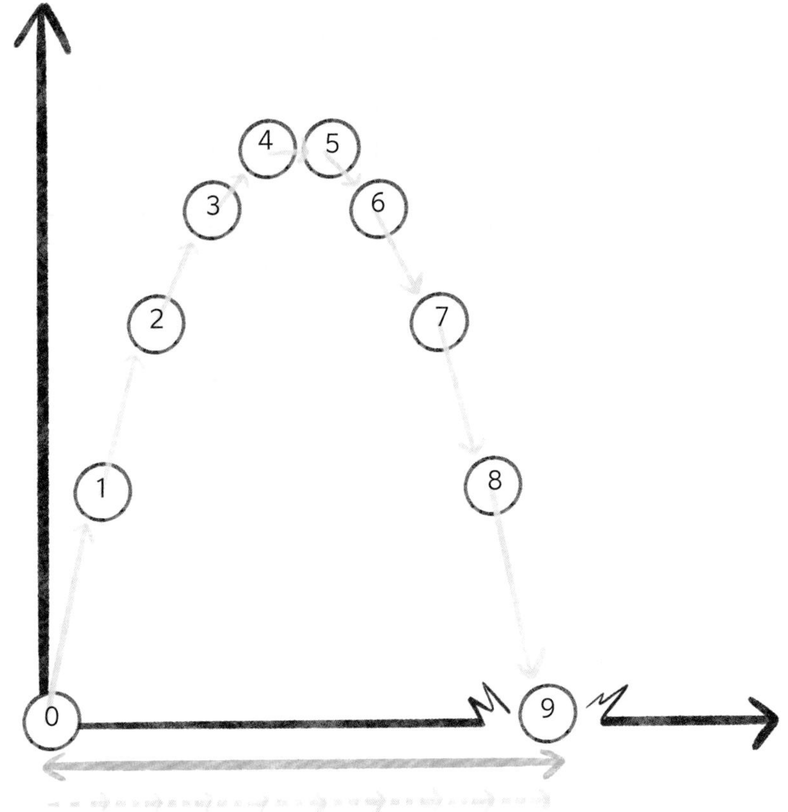

我们只需知道炮弹落地时的画面序号，便可计算出它的坠落距离。

坠落距离 = 两个画面间的水平距离 x 最后一幅画面的序号

我们也可直观地写作：

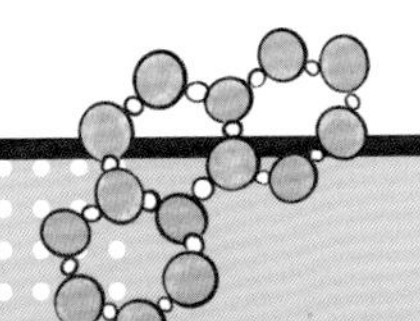

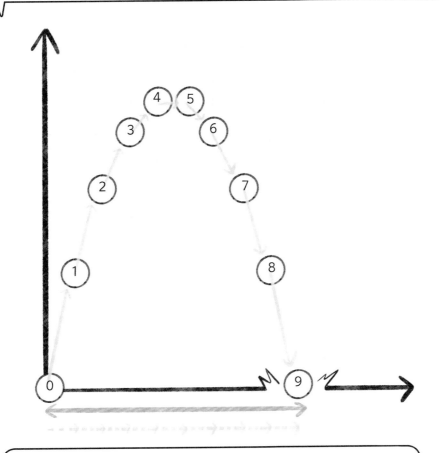

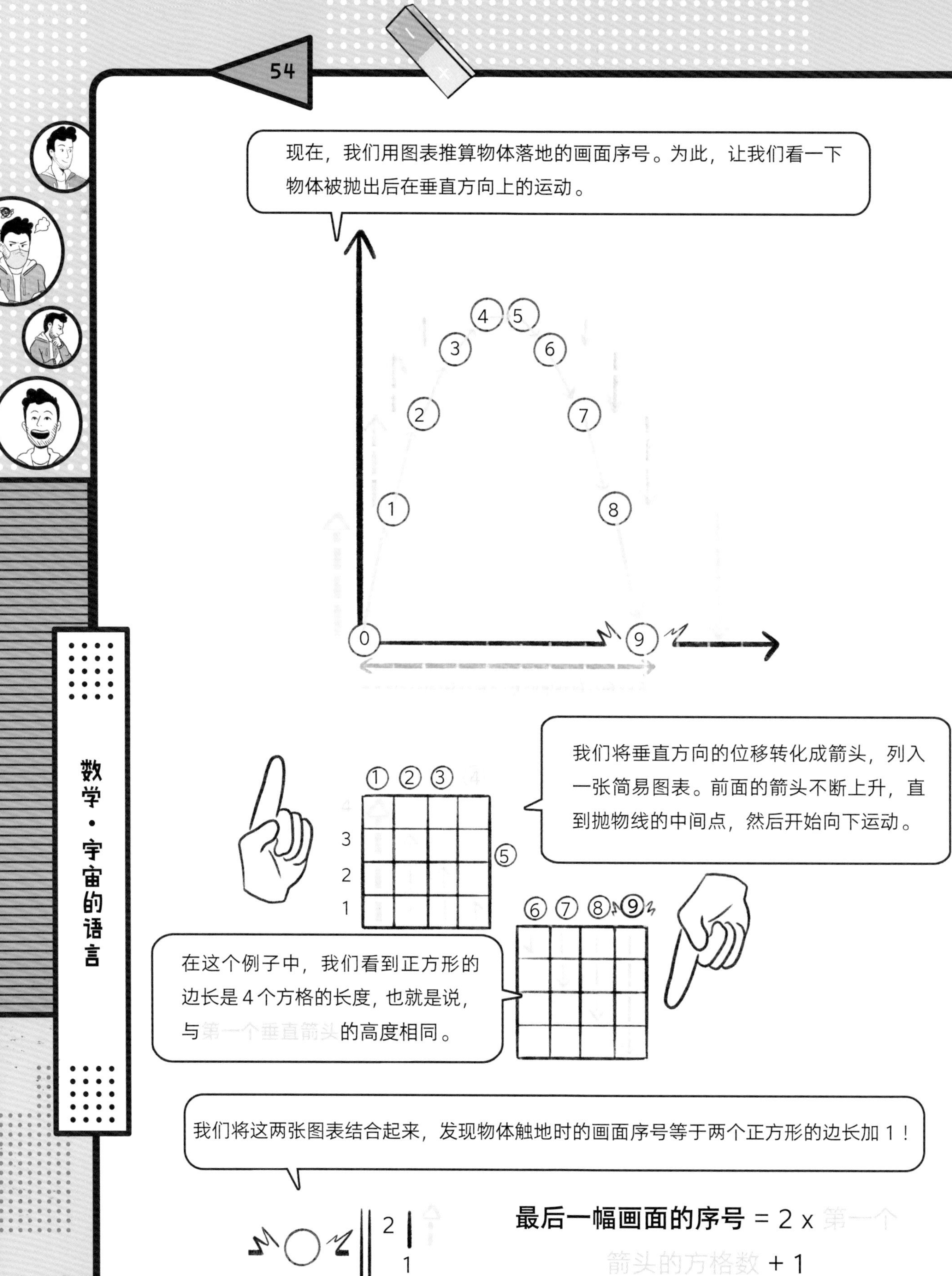
现在，我们用图表推算物体落地的画面序号。为此，让我们看一下物体被抛出后在垂直方向上的运动。
0
1
2
3
4
5
6
7
8
9
我们将垂直方向的位移转化成箭头，列入一张简易图表。前面的箭头不断上升，直到抛物线的中间点，然后开始向下运动。
①
②
③
⑤
4
3
2
1
⑥
⑦
⑧
⑨
在这个例子中，我们看到正方形的边长是4个方格的长度，也就是说，与第一个垂直箭头的高度相同。
我们将这两张图表结合起来，发现物体触地时的画面序号等于两个正方形的边长加1！
2
1
最后一幅画面的序号 = 2 x 第一个箭头的方格数 + 1

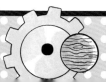

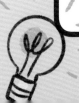

我们发现了两条数学公式，接下来只需把它们结合起来，便可算出炮弹的坠落距离！

坠落距离 = 两个画面间的水平距离 x 最后一幅画面的序号

最后一幅画面的序号 = 2 x 第一个箭头的方格数 + 1

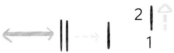

坠落距离 = 两个画面间的水平距离 x (2 x 第一个箭头的方格数 + 1)

如你所见，用文字书写公式很麻烦……物理学家更喜欢用这样的缩写：

$$D = h \times (2 \times v + 1)$$

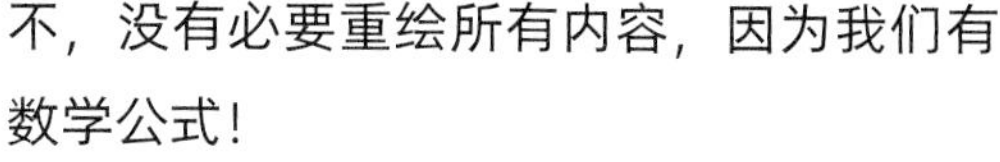

如果第一个垂直箭头的长度是 3 个方格而不是 4 个，我们会得到什么结果？

不，没有必要重绘所有内容，因为我们有数学公式！

物体的坠落距离将是

1 x (2 x 3 + 1) = 7

个方格，即 70 厘米。趁此机会，我顺便向你介绍一下三角函数的概念。

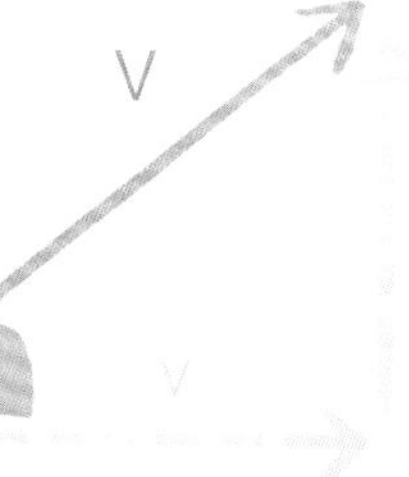


h = V x sin

v = V x cos

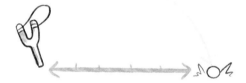

如果已知箭头的长度及其与地面的角度，那么我们可以借助三角函数算出“小垂直箭头”和“小水平箭头”的长度。

对于炮手来说，这些知识都是常识。他们通常使用下面这个公式计算炮弹的坠落距离。

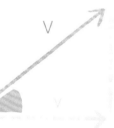

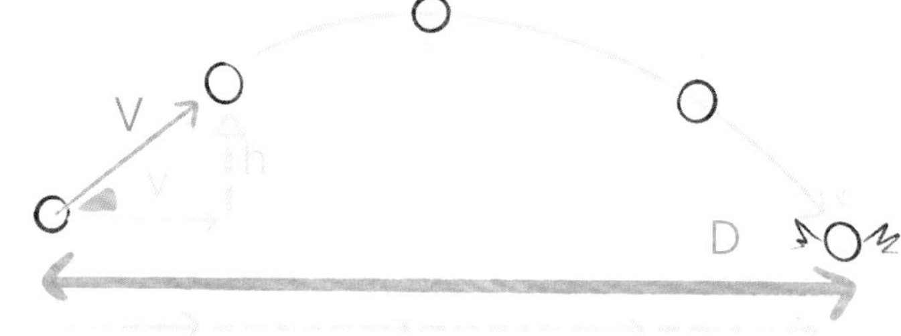


D = V x cos x (2 x V x sin + 1)

例如，如果一枚炮弹的速度达到每秒 300 米，那么每 0.1 秒就走过 300 个方格。如果以 30 度的角度射出，则正弦值 0.5，余弦值为 0.87。因此，物体将跨越的方格数量将是：

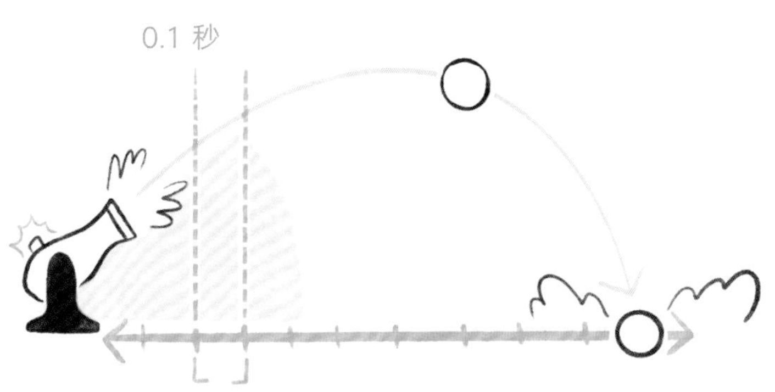


$$300 \times 0.87 \times (2 \times 300 \times 0.5 + 1) = 78561$$

也就是说，坠落距离是 7856 米。

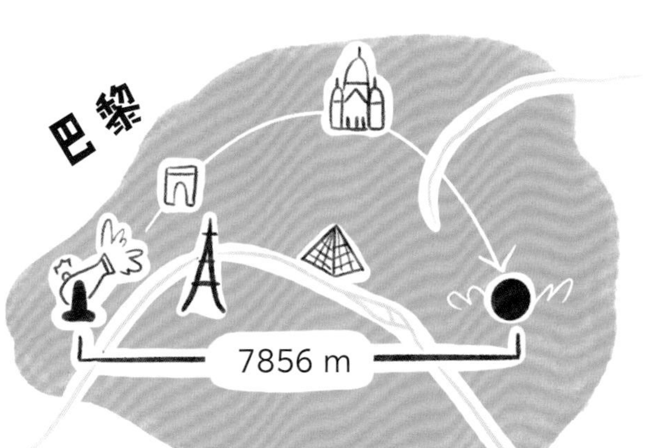


所以，是的，我们在初中接触的三角函数对工程师非常有用！

学校则用完全不同的方式讲授落体运动的知识。当然，这与历史有关。艾萨克·牛顿第一次用数学方法描述了这种现象。为此，他创造了一种数学语言，现在被称为“**微积分**”。
你一定知道，牛顿没有相机，更不能以每秒10帧的速度拍摄……

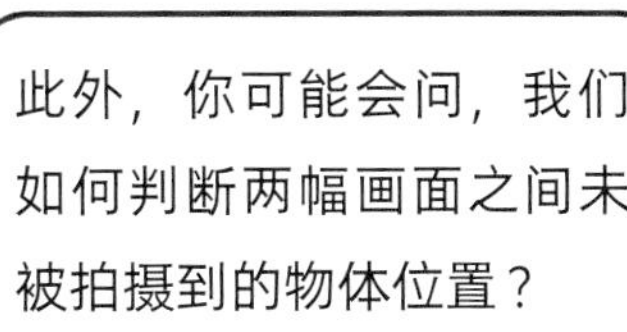

此外，你可能会问，我们如何判断两幅画面之间未被拍摄到的物体位置？

对吧，用**数学公式**描述物体的运动会更方便！

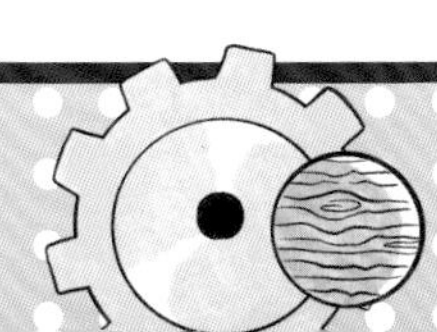

我们用 D（10）代表 10% 秒的行进距离，用 D（20）代表 20% 秒的行进距离，依此类推。

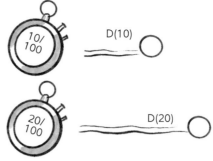

我们可以以同样的方式处理 17% 秒或 23% 秒的行进距离，甚至任意 t% 秒。这种形式有助于我们研究两幅画面之间的情况。我们也可以指定诸如 D（11.4）或 D（24.67）等含小数点的时刻！数学家将这种表达方式称为“函数”。我们将距离 D 称为时间 t 的函数。

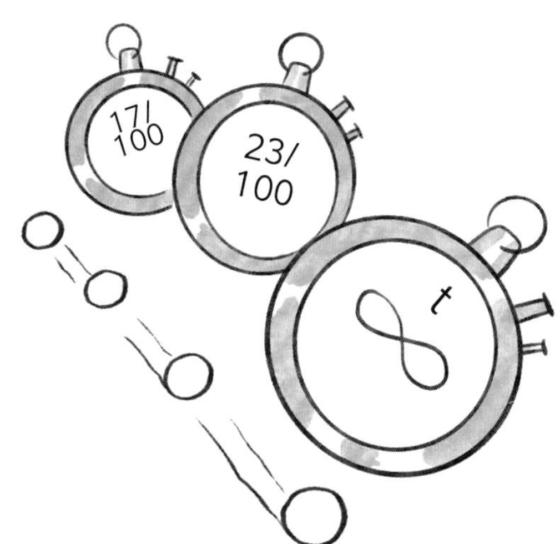


对于匀速直线运动的物体，行进距离与时间 t 成正比，可以用下面的数学公式表示为：

$$D(t) = V \times t$$

你已经知道，V 是一个比例常数。牛顿的目的是找到一个可以描述任何运动的数学公式！为此，他试图计算物体的速度和加速度，以便得出一个运动定律。如何用图像表示速度和加速度？我们会马上看到！

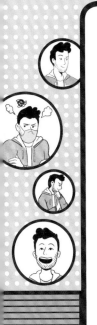

我们可以将函数画成曲线图。例如，对于数学公式

D(t) = 1 x t

我们画出如下的曲线图：

对于

D(t) = 0.1 x t

已知在 t = 10 时，D 为 1，所以斜率较小。

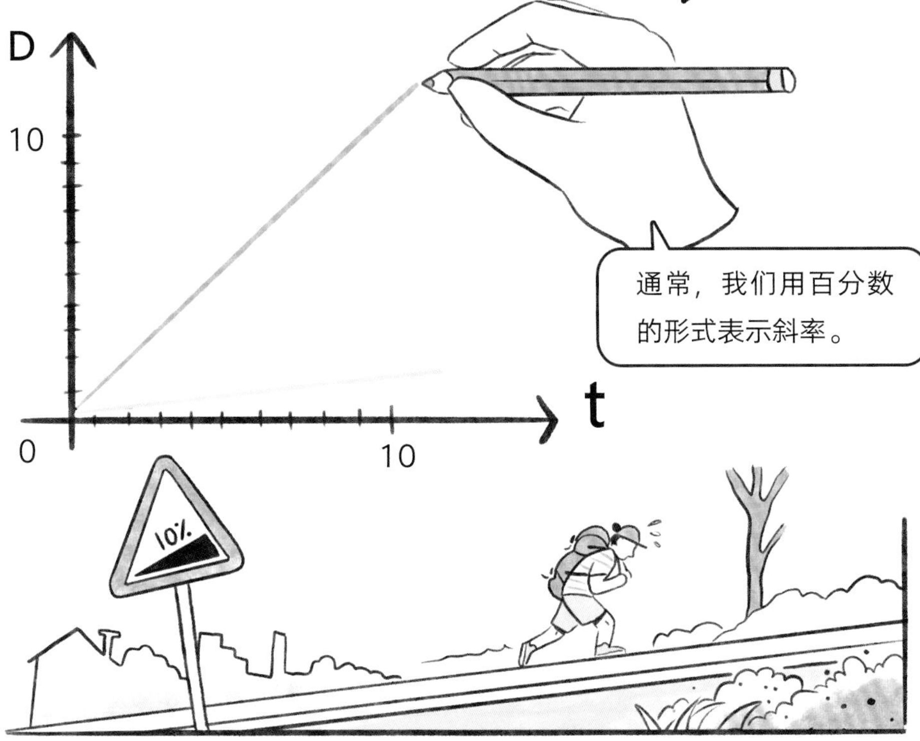


通常，我们用百分数的形式表示斜率。



10 % 的斜率意味着每 100 米的距离产生 10 米的高度差。它对应曲线

D (t) = 0.1×t！

曲线 D (t) = 1×t 的斜率则为 100 %.

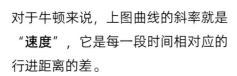

距离：1

时间：10

对于牛顿来说，上图曲线的斜率就是“**速度**”，它是每一段时间相对应的行进距离的差。

距离：10

时间：10

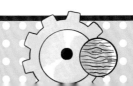

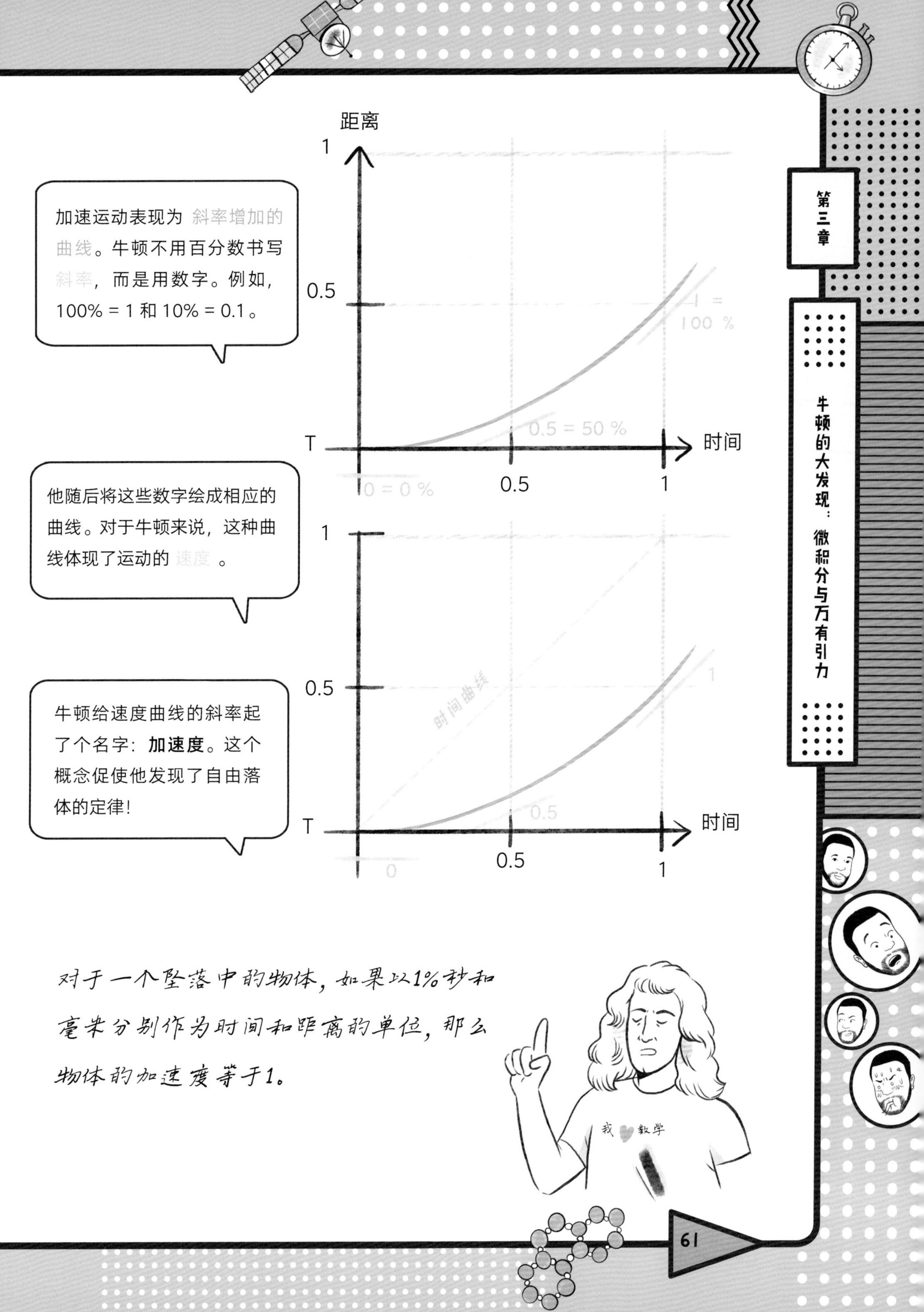
距离
1
加速运动表现为 斜率增加的曲线。牛顿不用百分数书写斜率，而是用数字。例如，100% = 1 和 10% = 0.1。
0.5
1 = 100 %
0.5 = 50 %
T
时间
0 = 0 %
0.5
1
他随后将这些数字绘成相应的曲线。对于牛顿来说，这种曲线体现了运动的 速度 。
1
0.5
时间曲线
1
牛顿给速度曲线的斜率起了个名字：**加速度**。这个概念促使他发现了自由落体的定律！
0.5
T
时间
0
0.5
1
对于一个坠落中的物体，如果以1%秒和毫米分别作为时间和距离的单位，那么物体的加速度等于1。
我 数学
第三章
牛顿的大发现：微积分与万有引力

全部的规则就是这样了！自由落体的加速度，也就是速度的斜率等于 1。

我们需要结合现实检验它的正确性。为此，我们可以进行反向推理。

如果某条曲线的斜率等于 1，那么其数学公式为 1× t。根据牛顿的定律，速度 曲线的公式则是 1× t。

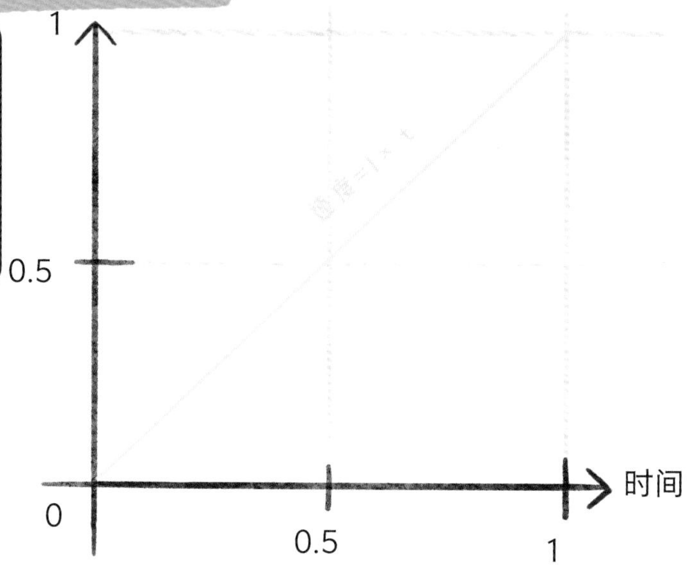

1

0.5

0

0.5

1

时间

如果曲线的斜率是 1× t，那么牛顿用微积分证明，物体运动距离的曲线为：

0.5 x t x t

距离

1

0.5

D(t) = 0.5 × t × t

0.5

1

时间

所以，如果用 1× t 代表速度，那么 距离 就是

D(t) = 0.5 x t x t

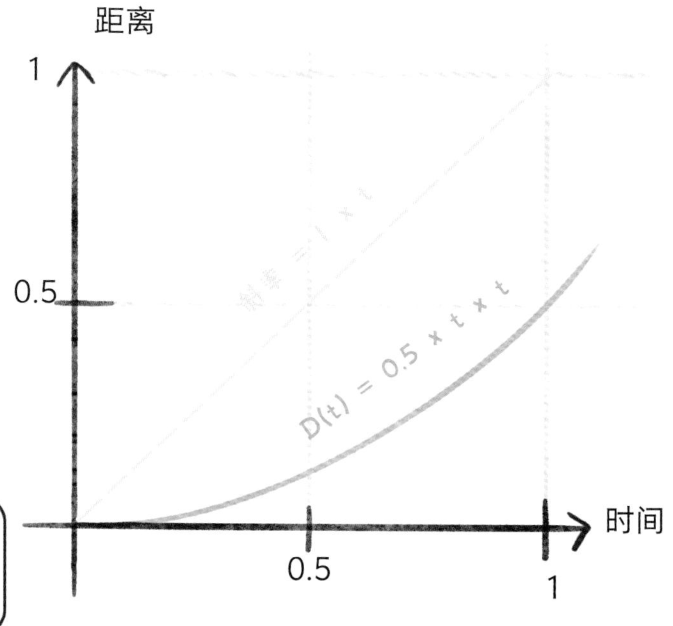

请检验此数学公式是否与我们观察到的结果一致。

让我们测量一下物体每 1% 秒下落的距离。由于相机在物体下落 5% 秒之后才开始拍摄，我们很难得到精确的数值……所以，我们可以选择从 15% 秒开始测量，然后是 25%，再然后是 35%，依此类推。

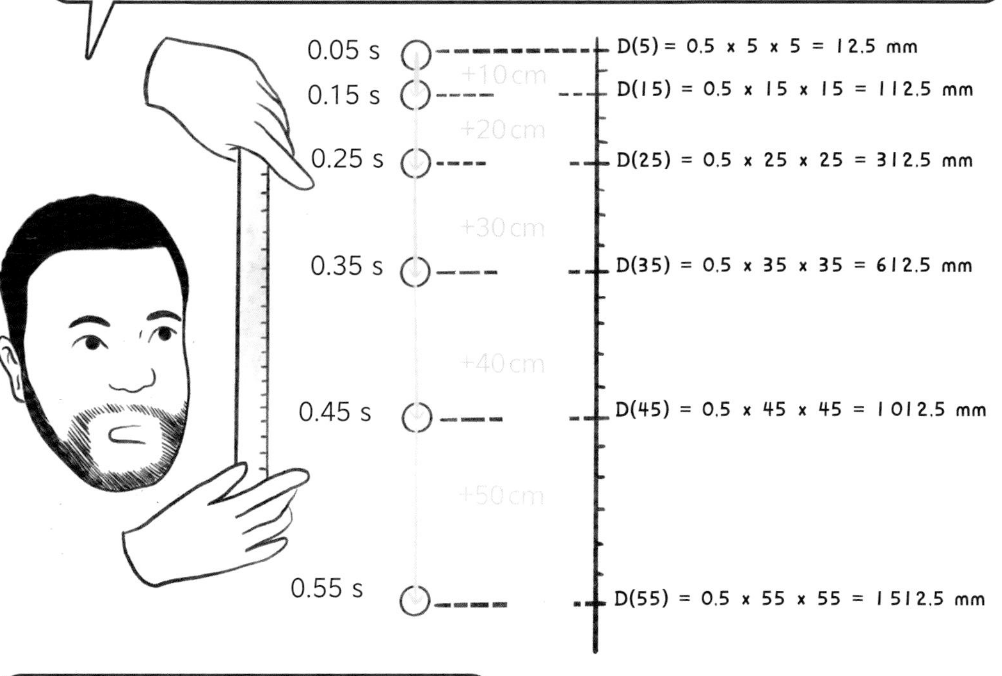


用这种做法可以得到与上述方法相同的结果！数学家们所说的“递进法”，就是这种逐帧推理的方式……

牛顿的计算方法具有“连续性”，我们可以计算出图画以外任何时刻的位移。

忘说了，函数曲线的斜率被数学家称为“导数”。这个概念用来描述变化是非常有用的概念，它已成为现代物理学的支柱之一。

微积分使导数的计算成为可能，牛顿因此彻底改变了科学史，也最终发现了万有引力定律。

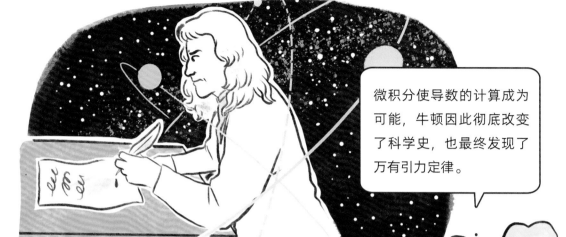

在牛顿的时代，人们的世界观受到古希腊思想家们的影响。例如，亚里士多德认为月球下方的物体会向地心坠落，月球上方的物体不坠落，而是围绕地球旋转，仿佛一套机械齿轮……

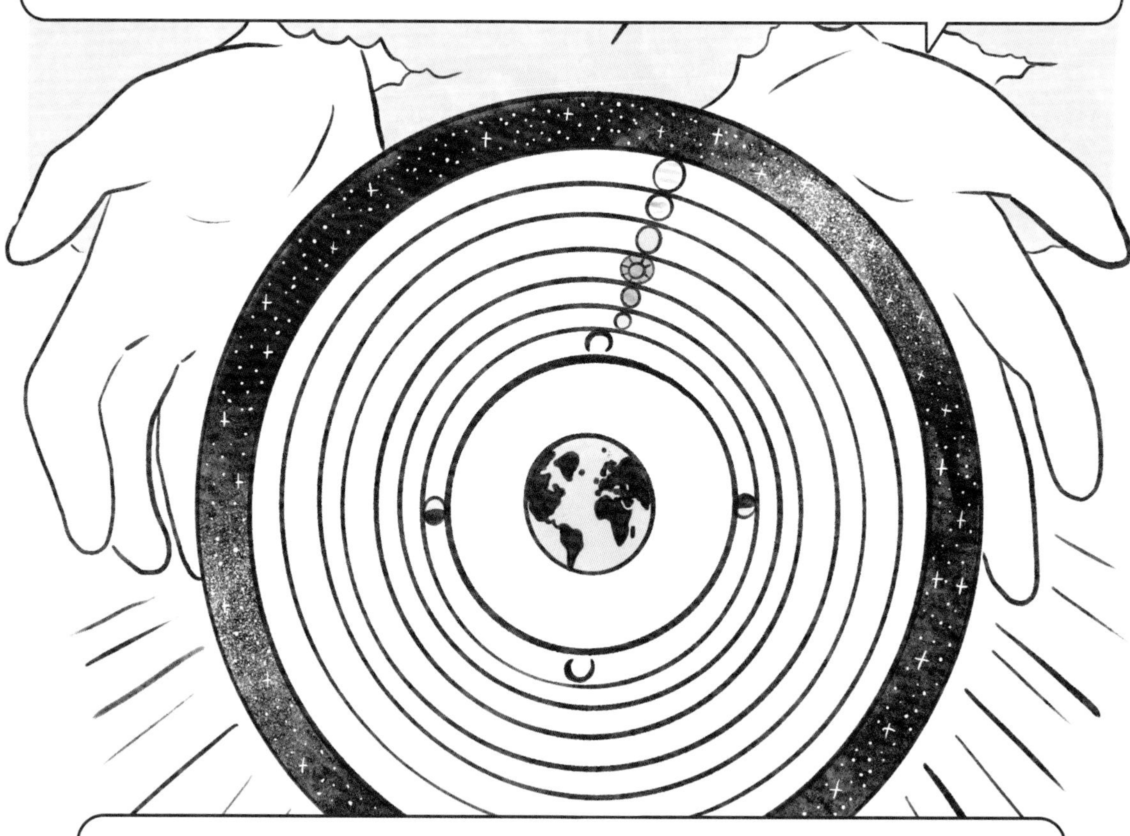

亚里士多德还认为，天体只可能进行圆周运动和直线运动。这个设想与教会的观点完全一致。对于教会来说，圆是完美的象征，而上帝是完美的，所以天体的运动轨迹一定是圆形的。

然而，这个观点与观察结果相悖……例如，从地球的角度来看，火星的运动轨迹很奇怪，根本不是一个圆。好吧，没关系！有人发明了一个圆形齿轮系统，用来解释这个观测现象，这就是托勒密的本轮。

行星围绕太阳旋转而不是围绕地球旋转的主张令人难以置信，因为如此一来，行星的运动轨迹便不是圆形，而是椭圆形，这与当时的宗教信仰背道而驰。想让这个观点被人接受，这些椭圆自身必须变得“完美”。

牛顿用万有引力定律和微积分精确地呈现了太阳系行星的椭圆运动轨迹及物体落地的形式。所有这一切都以一个简单的定律为前提，这个定律象征上帝的完美，符合当时的教条。

万有引力定律是这样的:

物体之间的引力与
它们各自的质量成正比,
与它们之间的距离的平方
成反比。

物体的质量以千克为单位。这是一个数字。两个物体的间距以米为单位。这也是一个数字。于是,将牛顿的定律转换为数学语言就是:

米

引力 = **引力常量** x 一个物体的质量 x 另一个物体的质量 / 物体中心的间距²

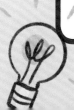

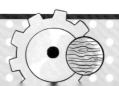

著名的引力常量被物理学家表示为“G”。这只是一个比例常数!如果你能理解这个概念,那么你就能理解物理学……当然,也包括所有比例!
物理学家将这个公式缩写为:
$F = G \times m_1 \times m_2 / D^2$

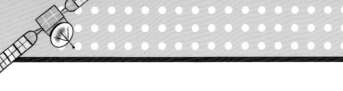

日常生活中，物体的质量似乎很直观，我们可以轻易称出它们有多少千克，就像我们用米尺测量距离一般，然而，力的概念却无比神秘……

这里的力与《星球大战》的“原力”无关。引力的概念在当时受到法国科学家们的排斥，因为在他们看来，这等同于试图在科学中引入神秘学的内容！

这个概念是牛顿发明的。继创立微积分之后，他写出了他的第二条定律：

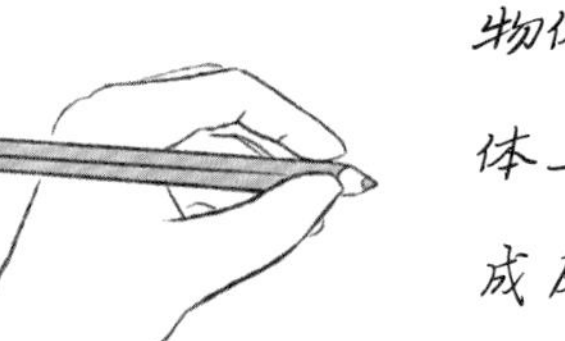

*物体的加速度与作用在物体上的力成正比，与其质量成反比。*

物理学家这样写：

$$a = F / m \text{ 或 } F = m \times a$$

字母 m 表示物体的质量（以千克为单位）。字母 a 是加速度，F 是作用力。物体质量越大，便越不容易运动起来；作用力越大，则物体加速越快。

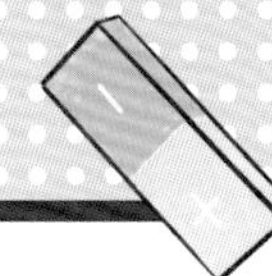

我们前面讲过，定律就是铁律。我们直接使用，不用多想！一个坠落的物体会受到地球的引力。根据牛顿的定律，它受到的吸引力为：

**力** = 物体质量 x **引力常量** x 地球质量 / 距地球中心的距离²

如果以毫米为单位表示距离，以 1% 秒为单位表示时间，我们得到：

**引力常量** x 地球质量 / 距地球中心的距离²= 0.981

于是牛顿的定律变成：

**力** = 物体质量 x 0.981

再引用牛顿第二定律：

**力** = 物体质量 x 加速度

最后得到：加速度等于 0.981。

如果我们四舍五入，就回到了我之前讲过的结论：

*如果我们以1%秒为单位表示时间，以毫米为单位表示距离，则加速度等于1。*

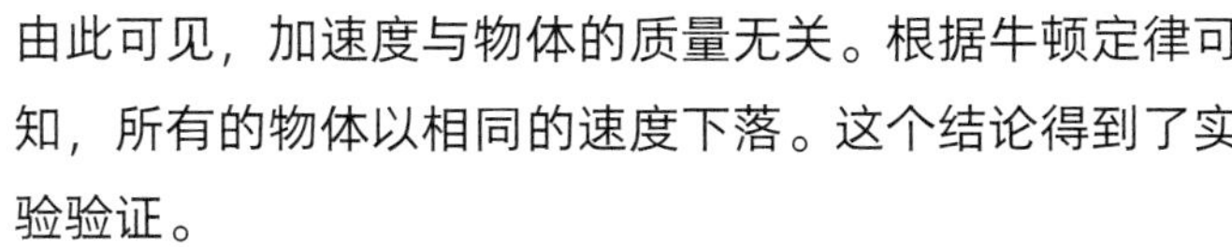

由此可见，加速度与物体的质量无关。根据牛顿定律可知，所有的物体以相同的速度下落。这个结论得到了实验验证。

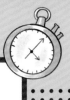

为了描述行星绕太阳公转的轨迹，我们用两个数字描述它们的位置，这两个数字被称为“坐标”。这类似于在一张地图上定位。

牛顿的目标是找到该坐标的数学公式。

为此，他将力表示为一个箭头，其长度由他神奇的定律计算得来，并据此推算水平和垂直方向上两个小箭头的长度。它们被称为“水平力”和“垂直力”。然后，他将力与加速度结合起来：

水平加速度 = 水平力 / 质量

垂直加速度 = 垂直力 / 质量

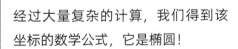

经过大量复杂的计算，我们得到该坐标的数学公式，它是椭圆！

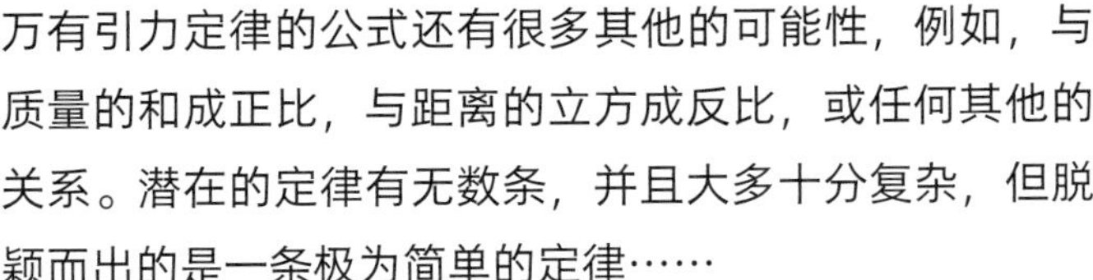

万有引力定律的公式还有很多其他的可能性，例如，与质量的和成正比，与距离的立方成反比，或任何其他的关系。潜在的定律有无数条，并且大多十分复杂，但脱颖而出的是一条极为简单的定律……

该定律有着简单的比例，却能解释诸多疑问。身处当时的时代背景之下，对牛顿来说，很明显，是上帝在背后设计了一切。

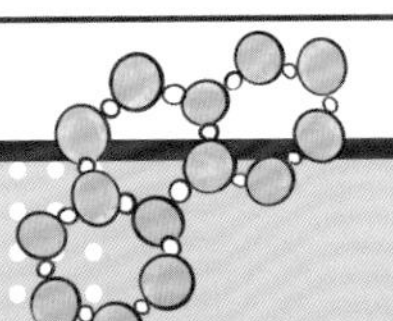

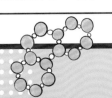

纵观人类历史，牛顿第一次用数学定律描述了我们周围的世界。**在此之前，从未有过类似的创举。毕竟，物体坠落时没必要遵循某个数学公式。然而，事情却恰恰如此，不可辩驳。**

从那时起，人们开始为所观察到的一切寻找数学公式。物理学诞生了！如今，工程师们仍在使用创建于 350 多年前的微积分！

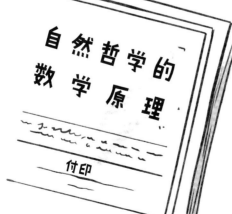

自然哲学的数学原理

付印

正是在《自然哲学的数学原理》一书中，牛顿讲述了他的物体运动理论和他的新型数学。这本书是现代物理学的开端。

牛顿的发现在几个世纪后推动了工业革命和现代技术的发展。

在我看来，你热爱人类文化！
停车
第四章
淘气的物质小球：气体力学
瞧，那个很有趣吧！
在你的玻璃杯中，水有液体、固体和气体三种形态。
若我们仔细思考，会觉得这很奇怪。我们已经对这件事习以为常。然而，充分理解这个现象却要花一点时间。

我们借助活塞原理，对水，尤其是水蒸气进行控制，从而制造出蒸汽机！简单来说，活塞是一根可以在管道里上下运动的圆柱体。水蒸气推动活塞，活塞带动轮子。

蒸汽机车、蒸汽船、首批用于服装制造的织布机……这正是工业革命的基础！

如今，我们用汽油代替水蒸气，让汽油在气缸中燃烧。这便是汽油发动机。在找到这些现象的数学公式之前，我们有必要先了解它们。今天，我们对这件事的认知与当时流行的观点很不一样。

例如，那时候的人们认为，物体燃烧的时候会有某种灵魂被火焰驱走。这就解释了为什么烧焦的木材比干木头要轻。
这是燃素说……
然而，有些元素在燃烧时会变重，比如锌或铜。所以这个理论并不能令人满意。
研究热量与温度的科学被称为“热力学”。
第四章
淘气的物质小球：气体力学

如今，人们认为物质由许许多多的小球组成。
在固体中，这些球彼此牢固地黏合。
在液体中，这些小球极其活跃，
不能牢固地粘在一起。

当液体蒸发，小球会更加剧烈地运动，以至于根本无法待在一起，我们便拥有了气体！
此外，**温度可以加快这些小球的运动。**你可能听说过“热能”一词。
物体越热，它的物质小球就越活跃。例如，冰块融化是因为空气中的小球与冰块中的小球发生了碰撞。冰震荡得太厉害，就变成了液体！

又比如，当压力锅中的“水球”剧烈运动到某一程度，它们会大力挤压锅胆。

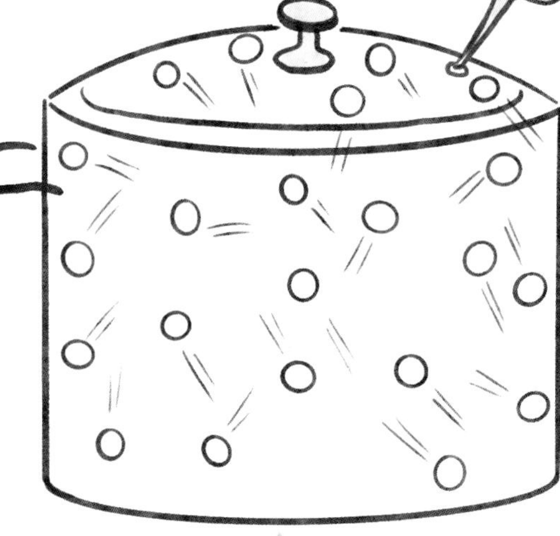

我们不得不在锅盖上留一个小洞，以便它们顺利逃逸，否则……就会爆炸！

想了解现象背后的数学问题，就要使用测量仪器！我们将得到一些数字，可以用在数学公式中。

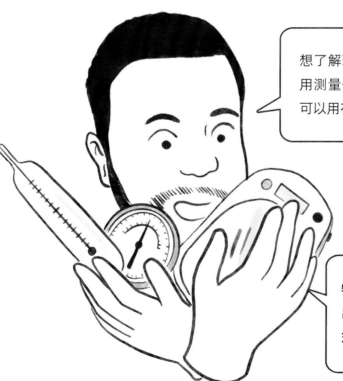

物理学是一门用我们可以测出的所有数字来寻找数学公式的艺术！

我们用气压计测量压强，就像检查轮胎的压强一样。

压力锅的容积通常以升为单位，而 1 升等于一个边长为 10 厘米的立方体的体积。可以用尺子测量其尺寸，然后再进行换算。

我就不必向你介绍温度计了，它可以展示物体的温度，即热运动的剧烈程度。在法国，人们使用摄氏度（℃）作为温度单位，但英国人使用华氏度（°F），物理学家则使用 **开尔文（K）**。

当热能为 0 时，物体的温度为：-273 摄氏度或 -460 华氏度，或者 0 开尔文。正因如此，开尔文成为热力学数学公式中的温度单位。气压计测出的压力大小取决于：

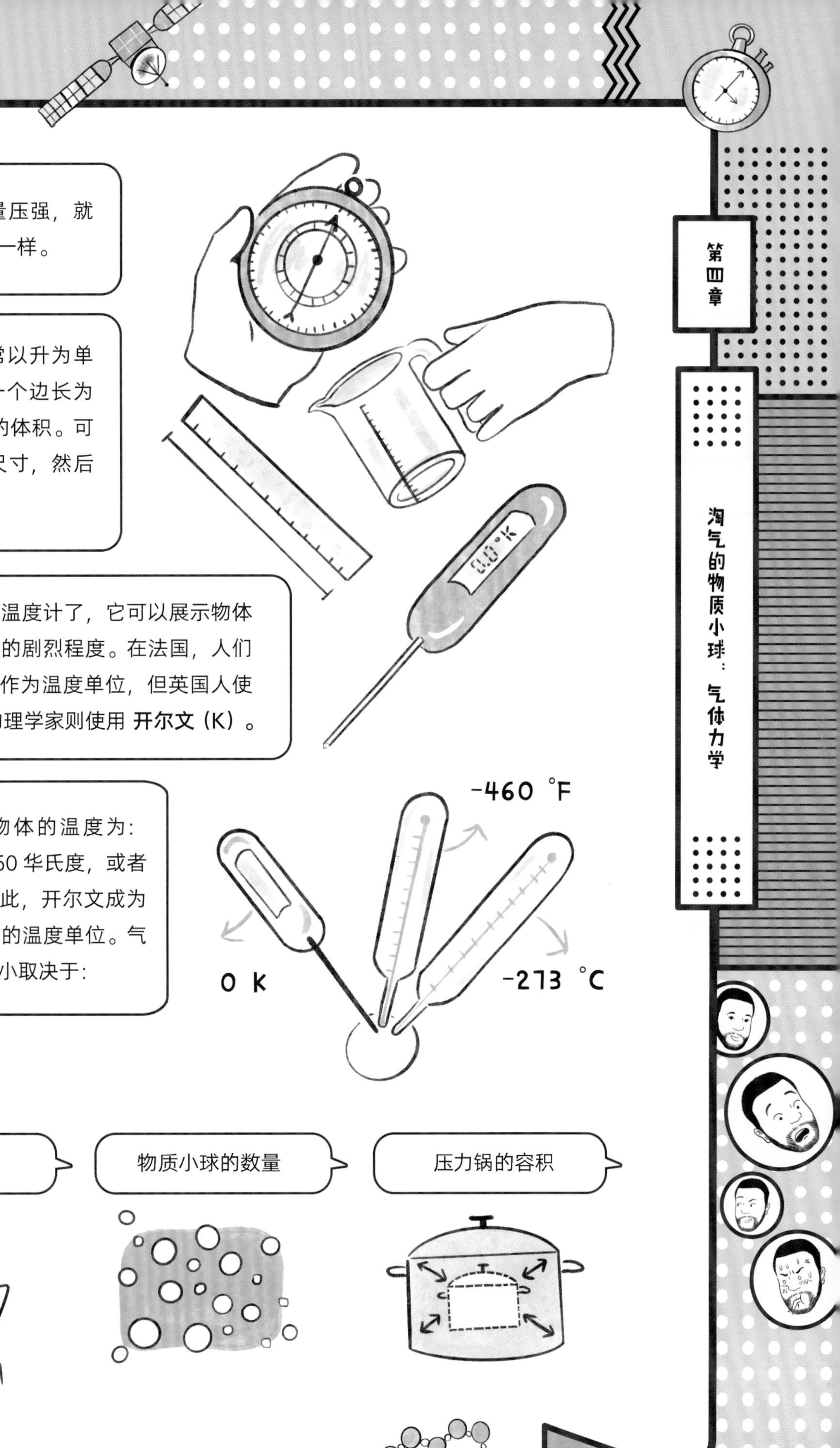

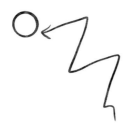

热运动

物质小球的数量

压力锅的容积

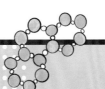

如果我们把小球的速度加倍，压强便会加倍。压强与热运动成正比，同理于温度。

如果我们把桌子的尺寸减半，压强也会加倍。因此，压强与气体所占的体积成反比。

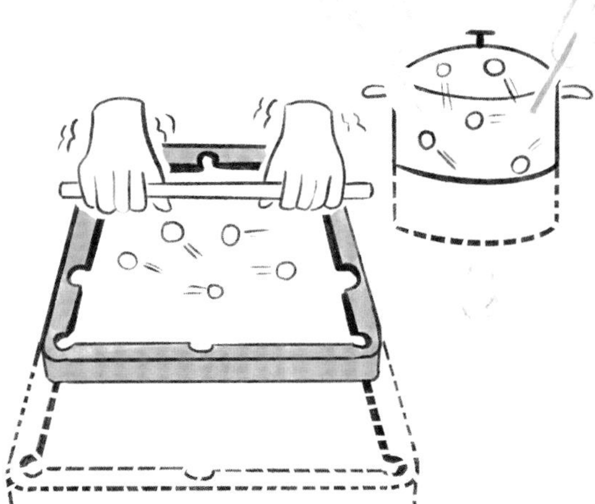

如果我们把小球的数量加倍，小球的撞击力度就会加倍。因此，压强与气体中物质球的数量成正比。

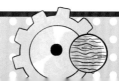

以上所有的比例关系可以写为：
压强 = 比例常数 x 物质球数 x 温度 / 容器体积
物理学家写作：
$P = k_B \times N \times T / V$
这叫作“理想气体定律”！
P 代表气体的压强，N 代表小球的数量，T 是温度或热运动——我们知道这二者是等同的。V 是气体所占的体积。
比例常数 $k_B$ 被称为“玻尔兹曼常数”。19 世纪的物理学家路德维希・玻尔兹曼对热力学的贡献如同牛顿之于万有引力！他的科研生涯与他的“物质球”一样，也充满了动荡。
停车场
第四章
淘气的物质小球：气体力学

有了气体力学的知识，人们便可以精确地预测活塞的运动。
这种精确度帮助人们制造出了，举个例子，汽车发动机。
在这个过程中，工程师们离不开气体力学的公式和牛顿定律！
P=k_B×N×T/V
F=m×a
此外，他们还在寻找一种计算活塞位移的数学公式！

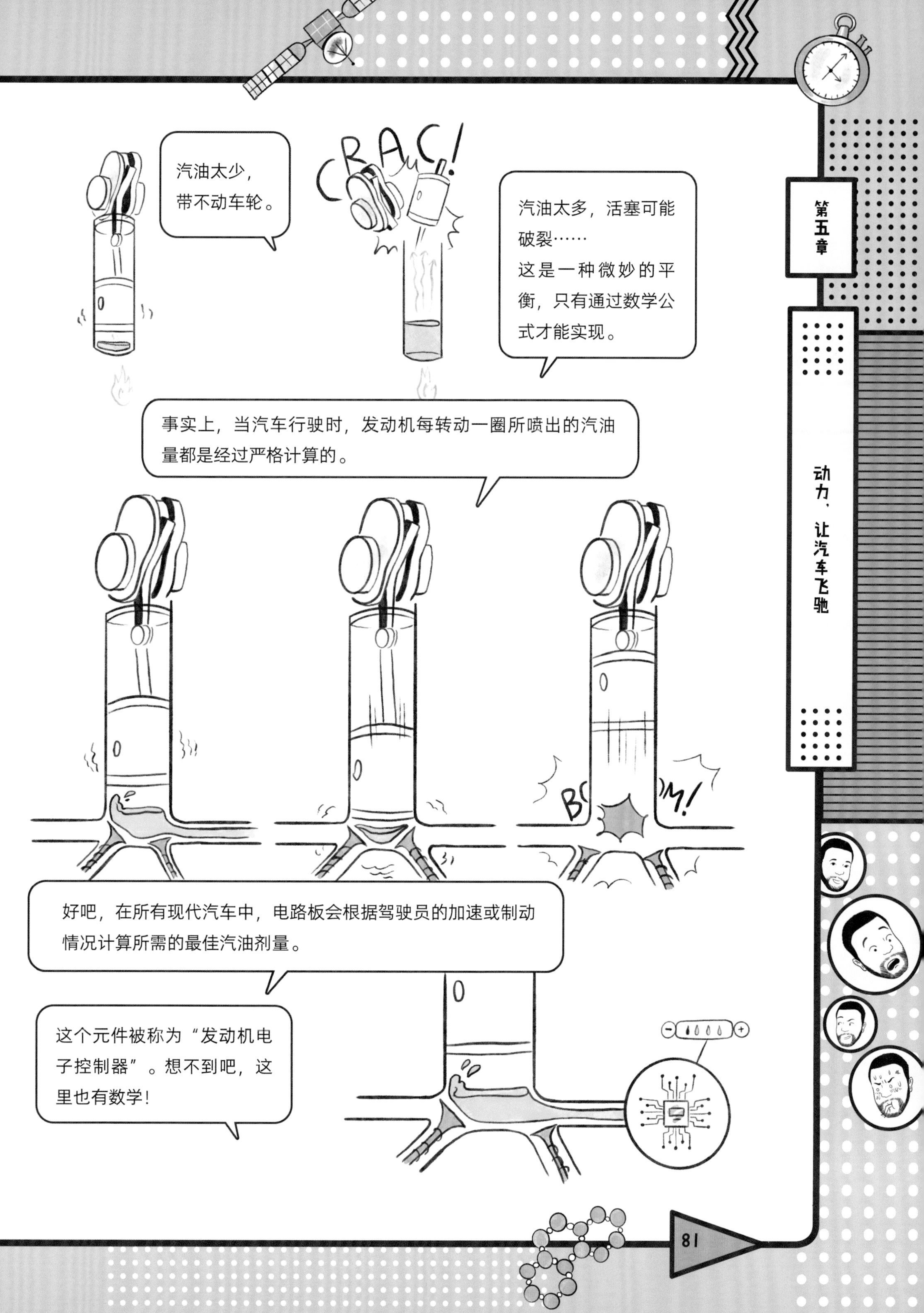
汽油太少，
带不动车轮。
CRAC!
汽油太多，活塞可能破裂……
这是一种微妙的平衡，只有通过数学公式才能实现。
事实上，当汽车行驶时，发动机每转动一圈所喷出的汽油量都是经过严格计算的。
BOOM!
好吧，在所有现代汽车中，电路板会根据驾驶员的加速或制动情况计算所需的最佳汽油剂量。
这个元件被称为“发动机电子控制器”。想不到吧，这里也有数学！
第五章
动力，让汽车飞驰

这是你的车吗？
现在你知道汽车为什么会在启动时发出这种奇怪的噪音了吗？

这是活塞上下运动的声音。
刚启动时，它的运动频率不快，你能听到断断续续的声音。一旦汽车上路，爆裂声密集地连接在一起，你听到的声音便没有那么突兀。

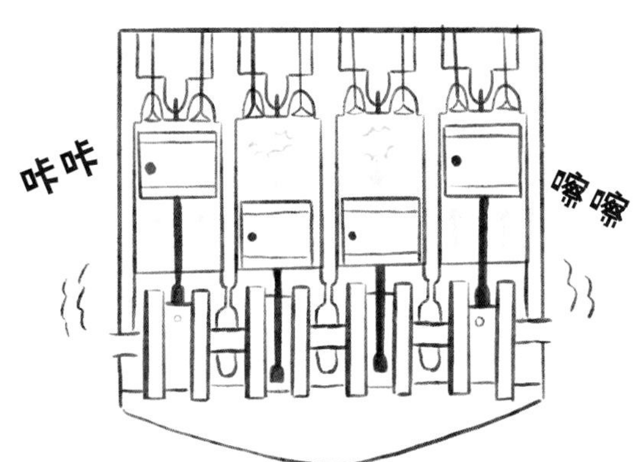
咔咔
嚓嚓
哐哐
当当

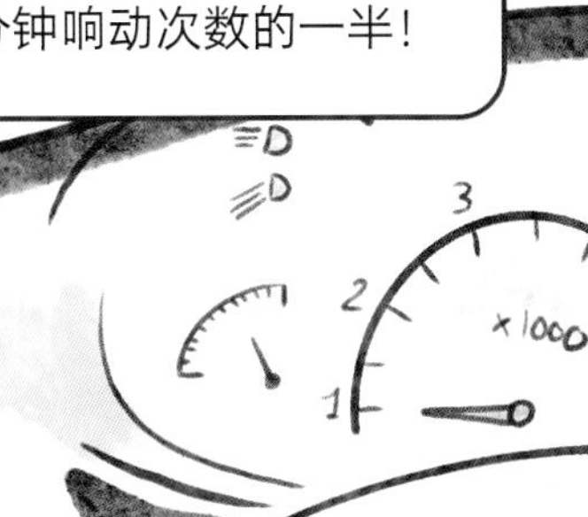
看到这个显示发动机每分钟转速的表盘了吗？这只是每分钟响动次数的一半！
1
2
3
4
5
6
×1000
注意！这可不是每分钟车轮的转数。想象一下，假如车轮以每分钟 2000 转的速度前行，汽车将开得多快！

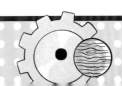

我们用齿轮连接电机和车轮。人们常说的换挡实际上是更换齿轮，这与自行车的原理完全相同，用来帮助驾驶员更轻松地行驶。

可以用右侧数学公式计算车轮转动的次数：

车轮转数 = 电机转数 / 减速比

通常简写为：

$$T_R = T_m / K$$

如果两只齿轮的大小相同，则电机转动一圈会驱动车轮转动一圈。车轮转数 =1× 电机转数。**减速比**为 1。

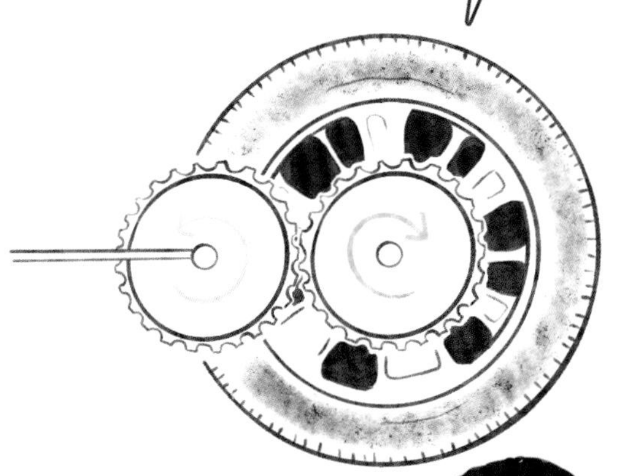

如果车轮的齿轮增大一倍，则电机转动一圈会驱动车轮转动半圈。**减速比** 为 2。

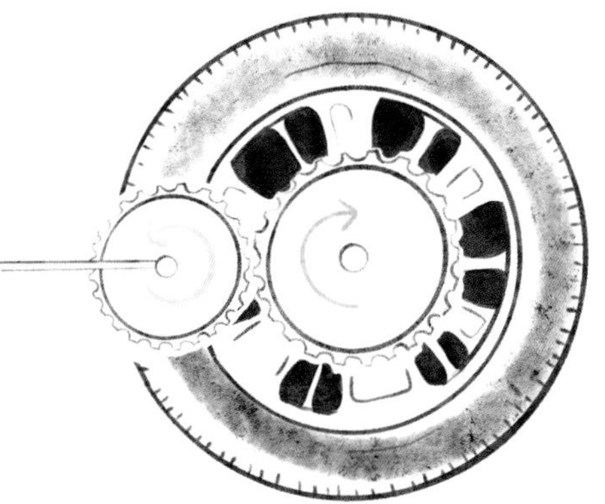

工程师们热衷于用复杂的词汇为简单的概念命名。一旦进入齿轮的话题，我们就很难停下……

显然，我将问题大大简化了。汽车中的齿轮系统要复杂得多，涉及大量不同的数学公式，而工程师们在制造机器时必须全部加以考虑。这很消耗脑细胞！

如果说，有某个东西改变了我们的生活，我们如今根本离不开它，那就是……

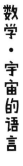

第六章
有了灯泡就有了……光！
没有它，就没有手表，没有手机，也没有自动门。
简而言之，电在我们的生活中无处不在。
提起电，你首先想到的是什么？

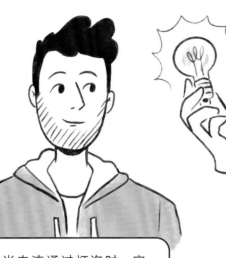

光！没错！

当电流通过灯泡时，它就会亮起！

事实上，发出强光的是灯泡内部的小灯丝。

当你触摸灯泡时，会觉得它很热。如果把灯泡关闭，会发现灯丝在关闭之前稍稍变红，随后灯泡会降温。灯丝的温度越高，灯泡就越亮。

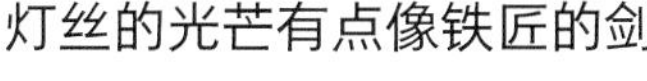

灯丝的光芒有点像铁匠的剑！

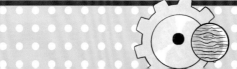

19 世纪的物理学家们反复研究了这种现象，其中包括约瑟夫·斯特藩。他是路德维希·玻尔兹曼的老师！他发现，热物体的光量与物体的表面积及其温度的四次方成正比。

光量=斯特藩常量×温度$^4$ x 物体表面积

$$L = k_s \times T^4 \times S$$

虽然看上去奇怪，但这就是他的观察结果。数字 $k_s$ 是斯特藩常量。这又是一个比例常数。它的值取决于温度的测量单位。

前面提到过，物理学家最常用的单位是开尔文。在此基础上，如果以平方毫米作为表面积的测量单位，那么斯特藩常量就是：

$$k_s = 0.0000000000000567$$

它非常小！所以只有高温物体才能发出肉眼可见的光。

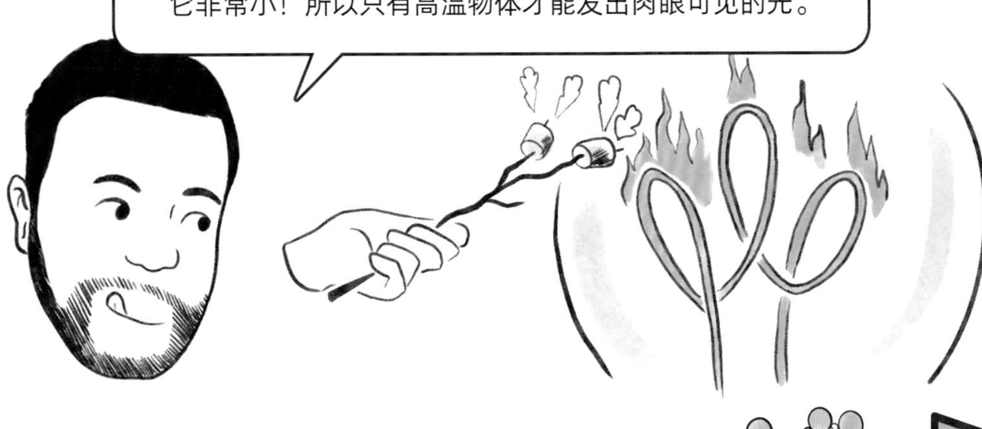

在灯泡中，灯丝的温度约为3000℃，即3273K。

灯丝的表面积约为5平方毫米。

根据斯特藩的定律，灯泡发出的光量为：

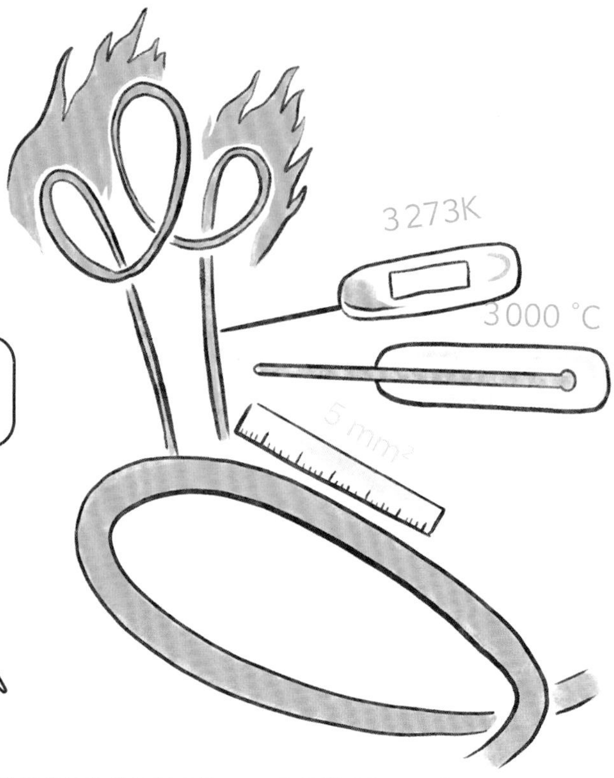


$$L = 0.0000000000000567 \times 3273^4 \times 5$$

适度使用计算器，我们算出了33瓦！

它大致就是包装上标出的灯泡耗能量……

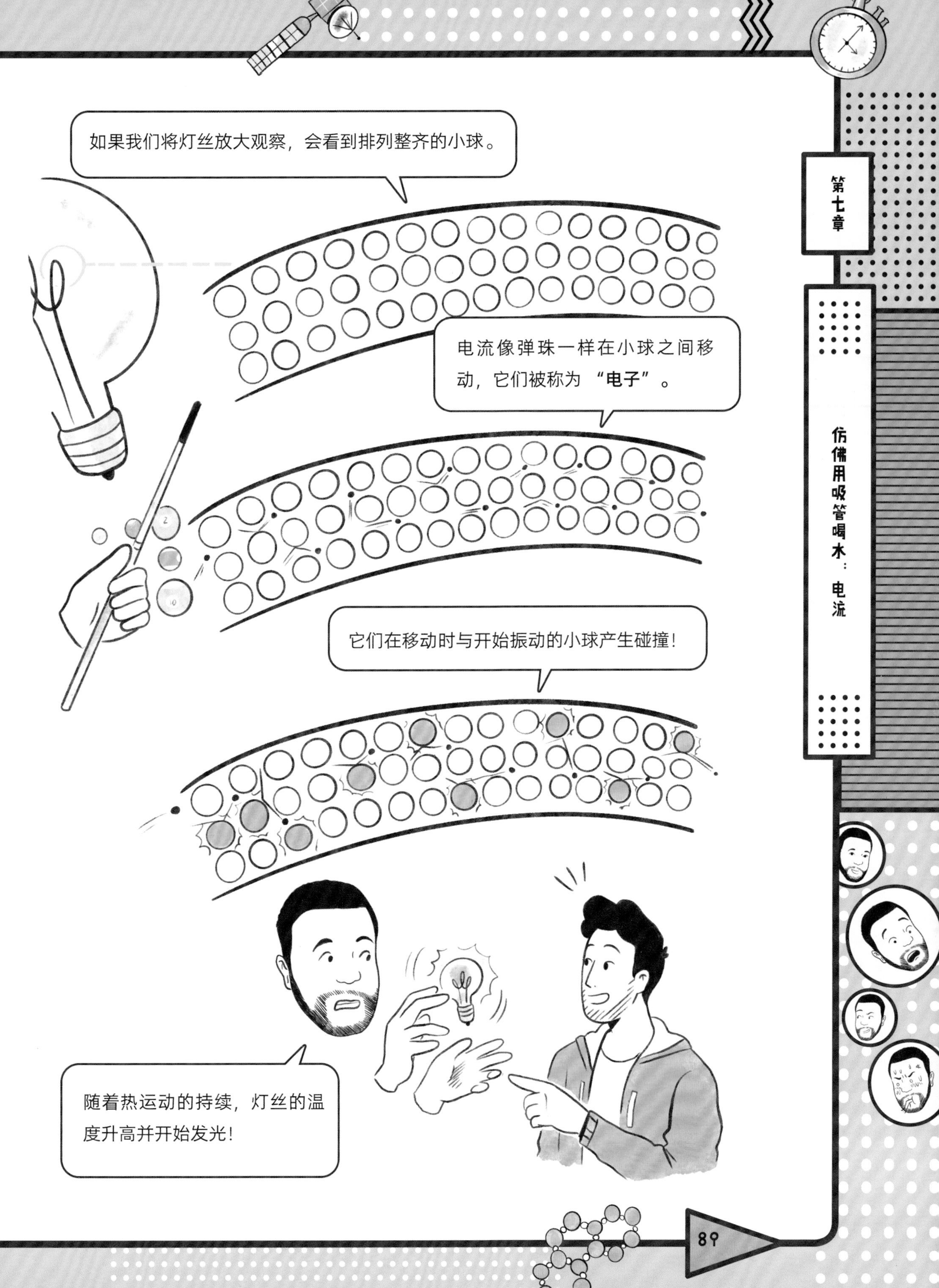
如果我们将灯丝放大观察，会看到排列整齐的小球。
电流像弹珠一样在小球之间移动，它们被称为 **“电子”**。
它们在移动时与开始振动的小球产生碰撞！
随着热运动的持续，灯丝的温度升高并开始发光！

这就是电生热的过程。借助这个原理，我们可以制造电热器。先用电流增加金属的温度，然后，震荡的金属反过来会震荡我们周围的空气小球，空气就变热了！

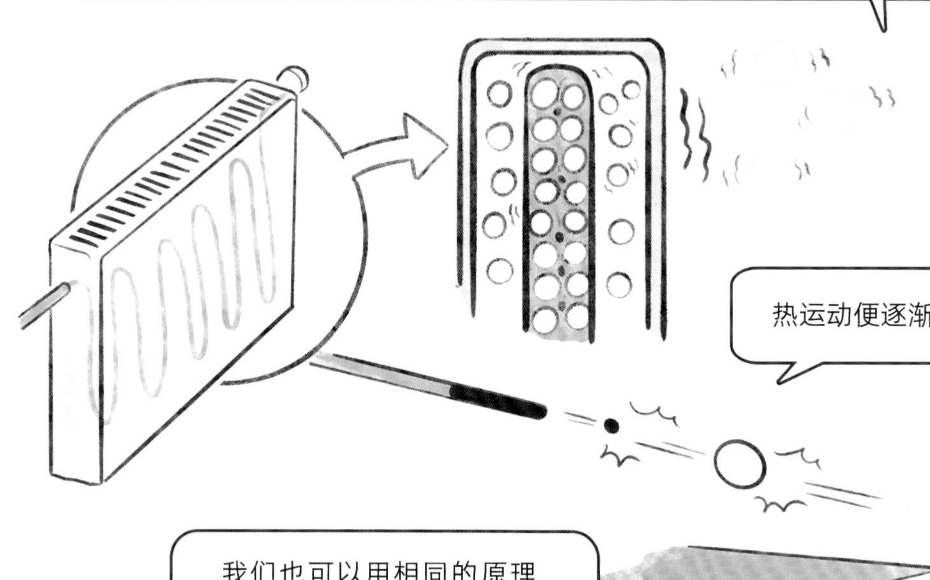

热运动便逐渐进行。

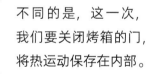

我们也可以用相同的原理制造烤箱。

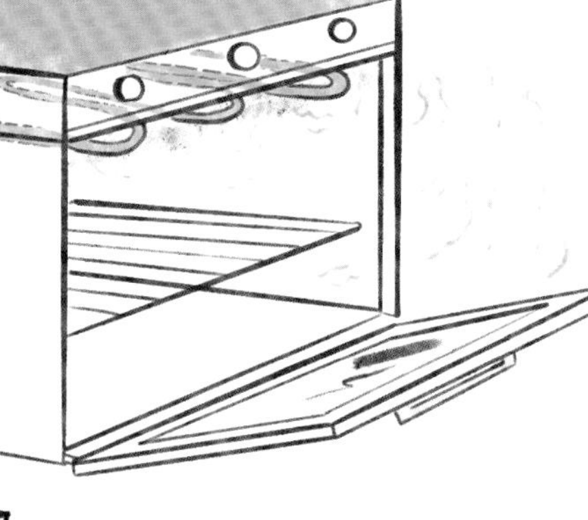

不同的是，这一次，我们要关闭烤箱的门，将热运动保存在内部。

第七章
仿佛用吸管喝水：电流
你可能想问，为什么电子在金属中是运动的，而不是静止的。这是个非常好的问题！
说实话，这是物理学家的研究领域。迄今为止，我们还没有非常确切的答案。毕竟，我们也只在不到一个世纪前才弄清楚为什么有些材料可以通电，而其他材料不行……
总之，你可以这么想，电子在电池的一端被推开……
而在另一端被吸走。
这有点像用吸管吸水。

使电子运动的吸力和推力的强度被称为“电动势”，用电压表即可测量得出。

此外，电流由电流表测量得出。这是每秒通过的电子数。

用你可以测量出的数字来寻找数学公式的艺术！好了，我们开始吧！

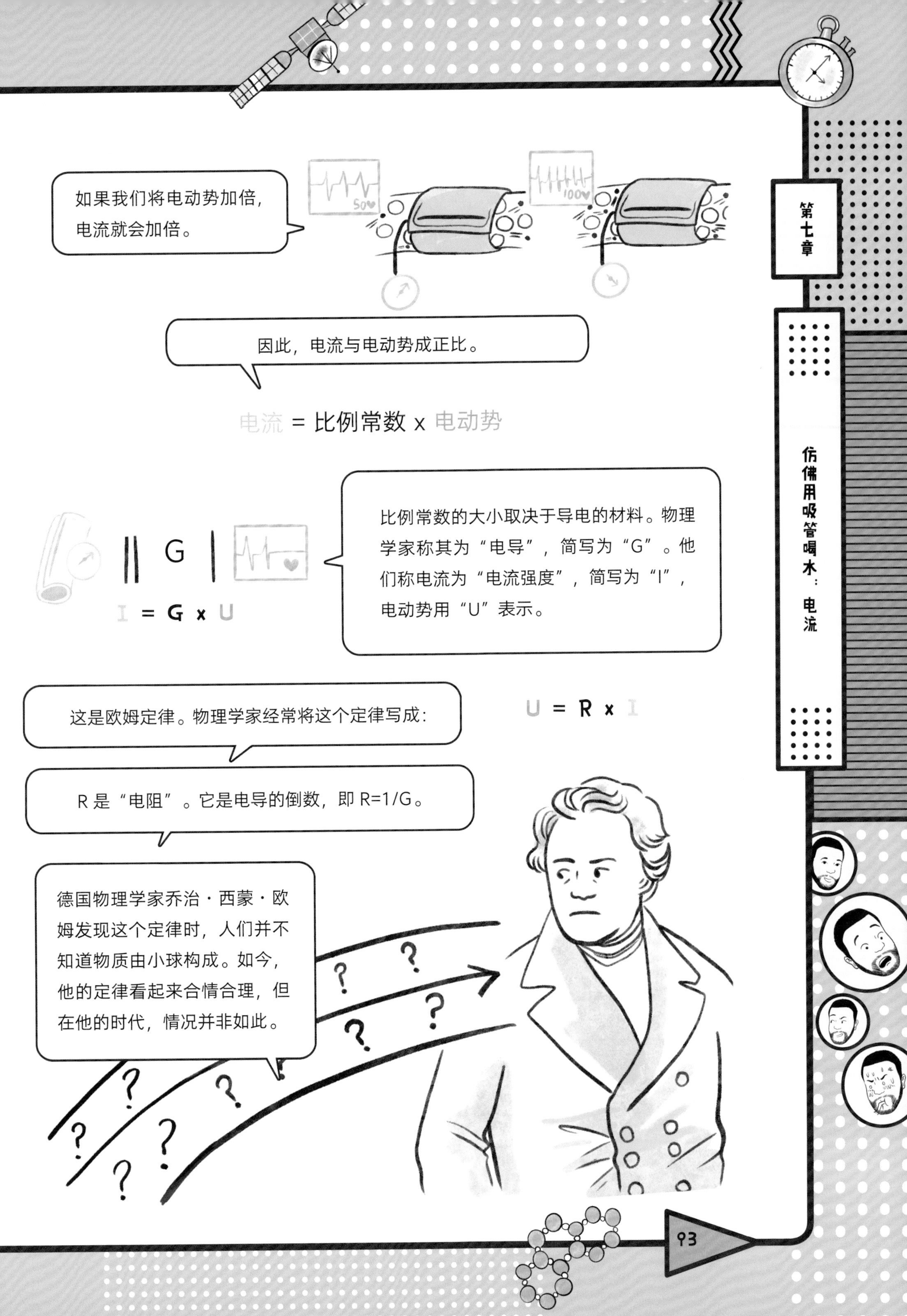
如果我们将电动势加倍，
电流就会加倍。
50
100
因此，电流与电动势成正比。
电流 = 比例常数 x 电动势
G
I = G x U
比例常数的大小取决于导电的材料。物理学家称其为“电导”，简写为“G”。他们称电流为“电流强度”，简写为“I”，电动势用“U”表示。
这是欧姆定律。物理学家经常将这个定律写成：
U = R x I
R 是“电阻”。它是电导的倒数，即 R=1/G。
德国物理学家乔治·西蒙·欧姆发现这个定律时，人们并不知道物质由小球构成。如今，他的定律看起来合情合理，但在他的时代，情况并非如此。
第七章
仿佛用吸管喝水：电流

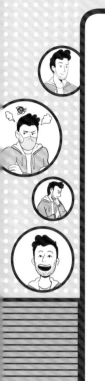

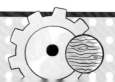

欧姆遭受了当时科学家们的无情批评。他们认为他的工作只是“一堆废品”。
今天，欧姆的发现却已成为电学理论的基石……
令人悲伤的是，大多数载入史册的物理学家都有过类似经历。牛顿就是如此，他的思想在欧洲难以传播，尤其是在法国，因为笛卡尔的理论与他恰巧相反。
研究物质和热力学的路德维希·玻尔兹曼对科学进步做出了重要贡献，却最终自杀身亡。很明显，伟大的科学家都过着艰难的生活……

还有伽利略，我们甚至不用多说……

不过还是来吧，我们聊聊他！行星围绕太阳旋转而不是围绕地球旋转的主张让他惹上了很多麻烦。在他的时代，人们认为地球是不会旋转的。

此外，就在 20 世纪初，人们还不相信原子的存在呢……

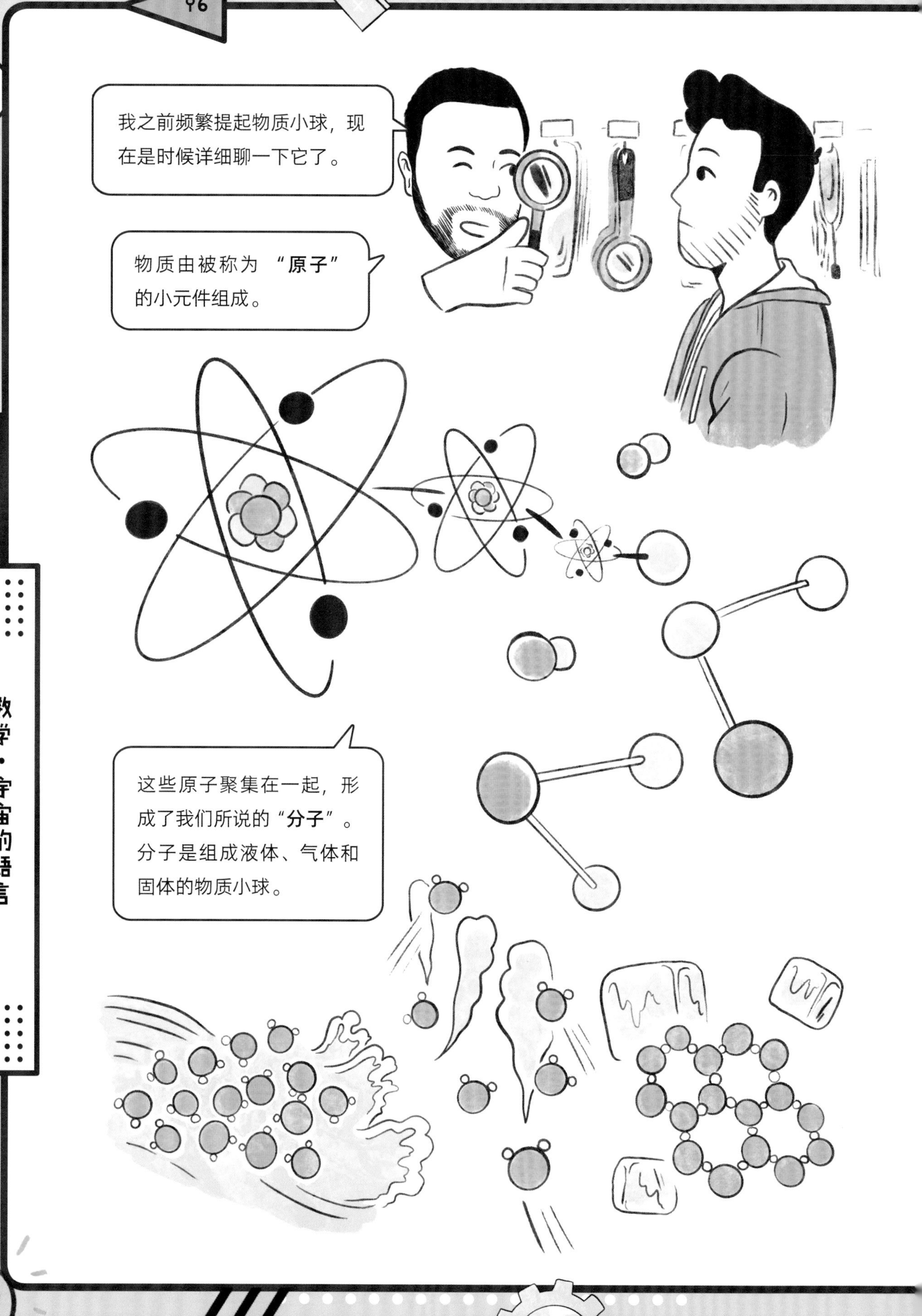

我之前频繁提起物质小球，现在是时候详细聊一下它了。

物质由被称为 **“原子”** 的小元件组成。

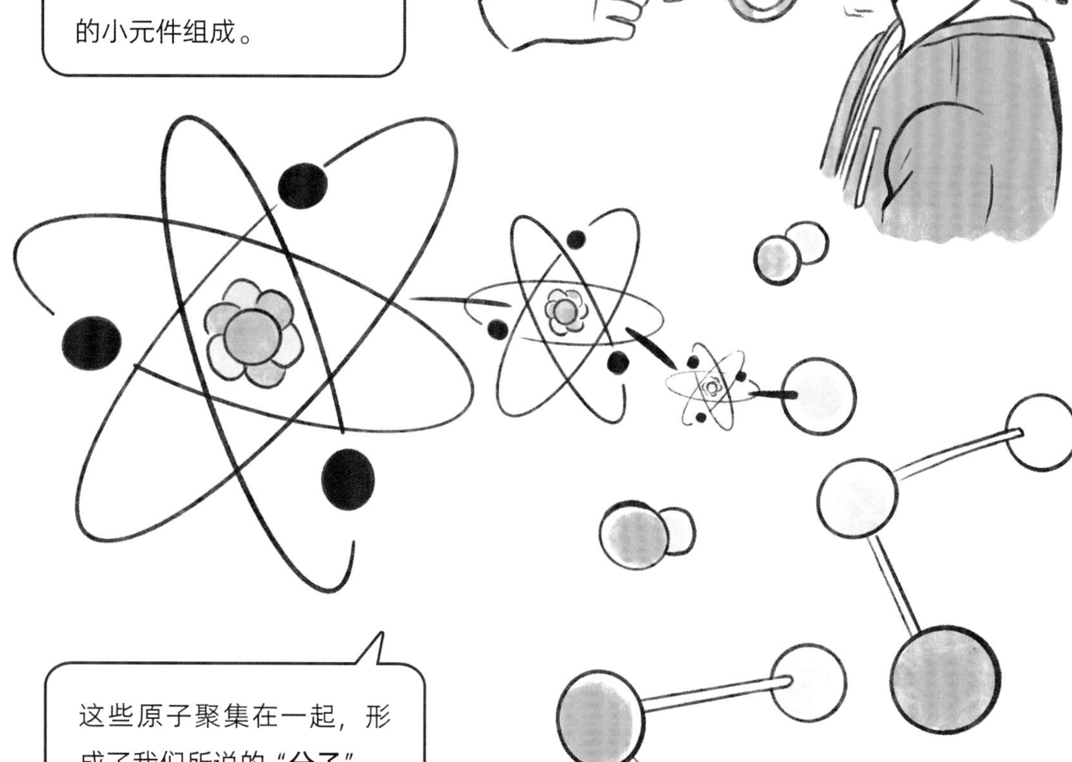

这些原子聚集在一起，形成了我们所说的 **“分子”**。分子是组成液体、气体和固体的物质小球。

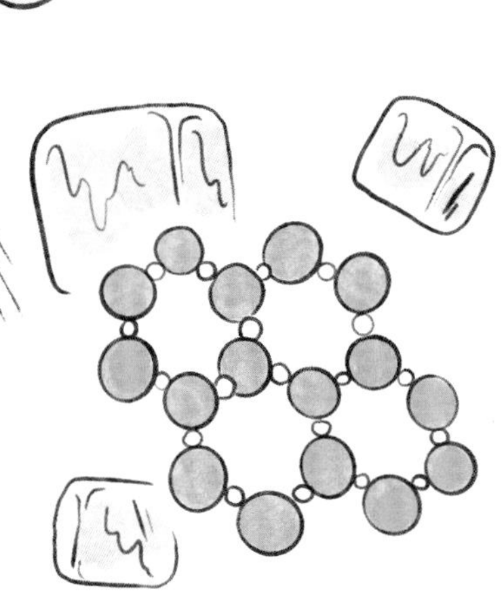

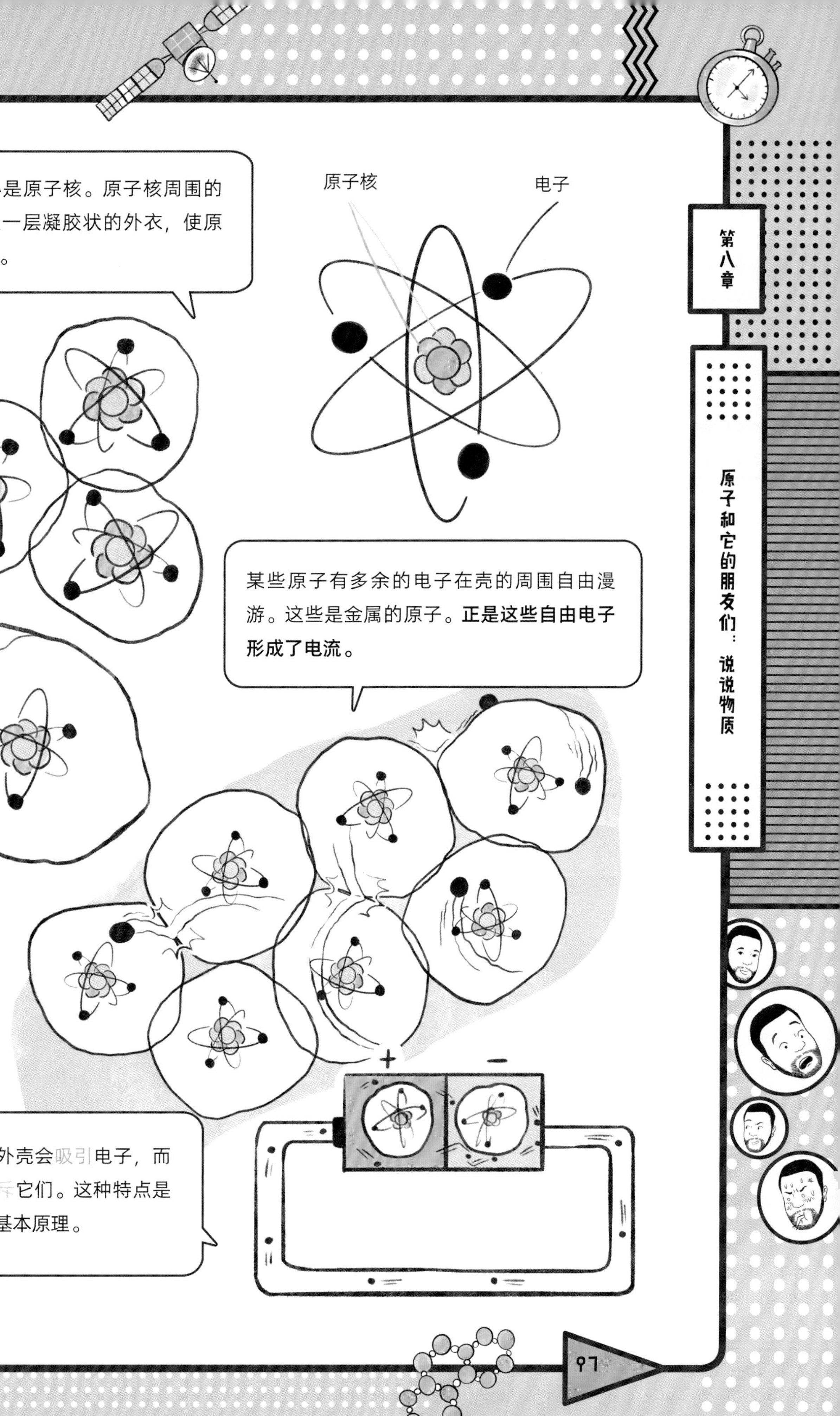
原子的中心是原子核。原子核周围的是电子，似一层凝胶状的外衣，使原子相互黏附。
原子核
电子
某些原子有多余的电子在壳的周围自由漫游。这些是金属的原子。**正是这些自由电子形成了电流。**
+
-
一些原子的外壳会吸引电子，而另一些则排斥它们。这种特点是电池工作的基本原理。

电力学带来了很多惊喜，这个课题在整个19世纪被长期研究。它革新了我们对世界的理解以及我们的科技！
例如，如果你将一根电线缠成线圈，再给它通电，你将得到一块磁铁！它被称为“**电磁铁**”！

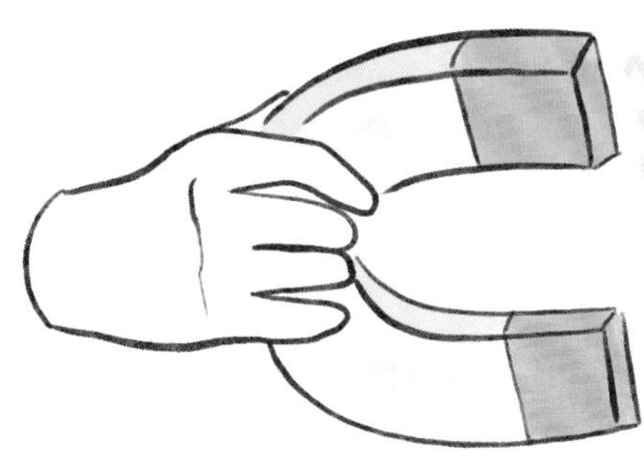

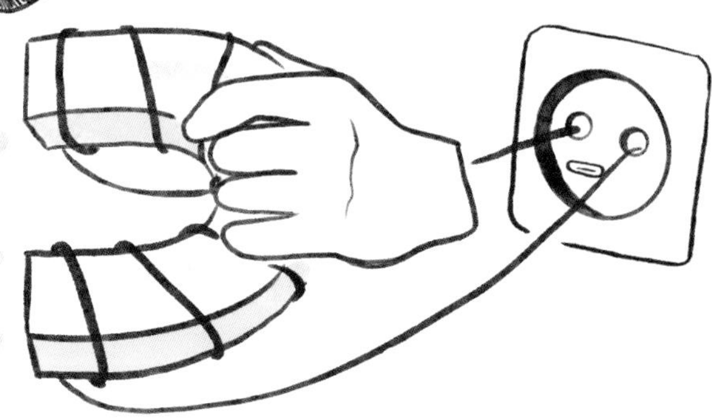

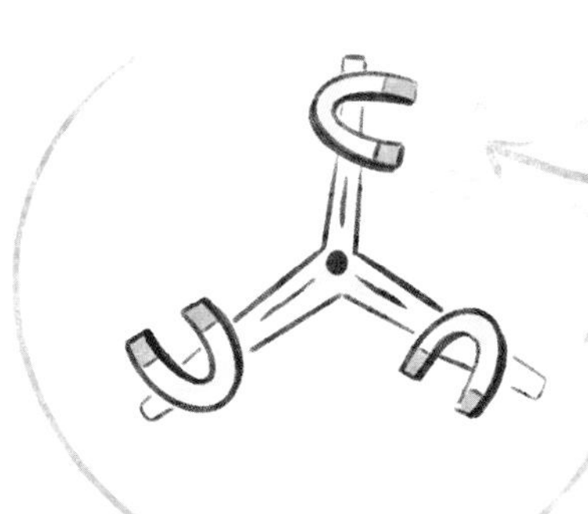
瞧，你可以用磁铁带动轮子旋转！这是电动机工作的基础原理。

我们只用一块电磁铁便可推动车轮上的磁铁！通过打开或关闭电流就可以间歇性激活电磁铁。

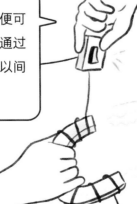

这种现象非常奇怪，不是吗？电与磁之间的联系好似有魔力。
1820 年 4 月，丹麦物理学家汉斯·克里斯蒂安·奥斯特在课堂上发现了这一现象。
他发现，当通电导线靠近指南针时，指针会旋转到垂直于导线的方向。在当时，这一发现具有革命性意义！
那时，人们知道的唯一可以吸引指南针的物体是磁铁。而奥斯特首次揭示了电与磁之间的联系。其他物理学家则致力于用数学方法描述这一现象。紧接着，安德烈-玛丽·安培发现了这种现象背后的数学原理。他随后发明了电磁铁。

你有没有充分体会到一块磁铁和一根电线之间的联系？不，事实上，磁性是看不见的……好吧，可以用一个小窍门解决这个问题！
撒一点铁屑，然后，嘿！就能全看到了！

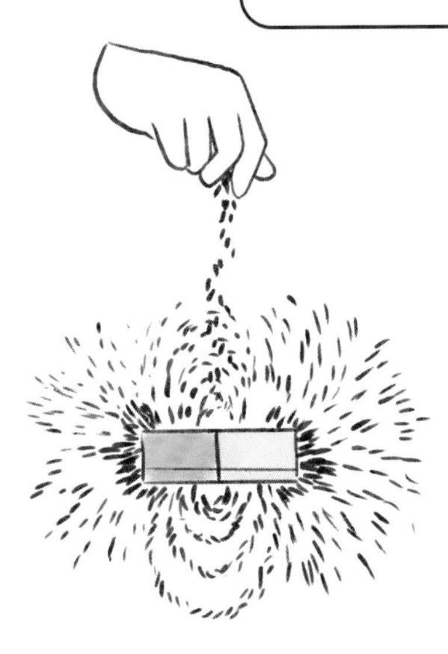

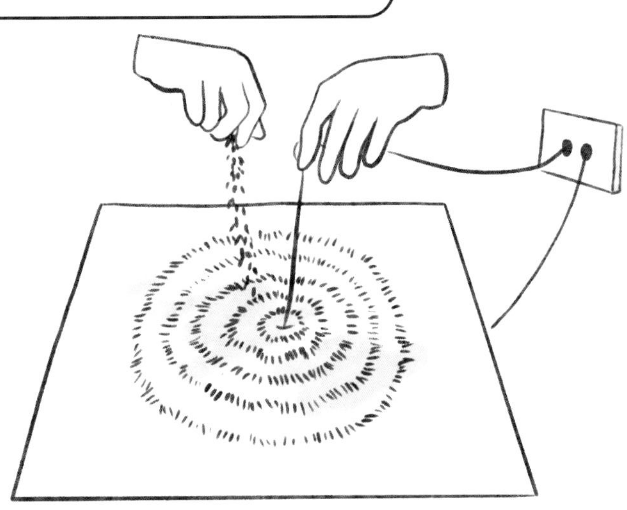

这就像在科幻电影里，你把面粉撒向隐形生物以便看到它们。现在我们尝试用数学方法描述观察到的形状。它们可以很复杂，比如这块磁铁周围的形状，也可以是圆形，比如电线周围。

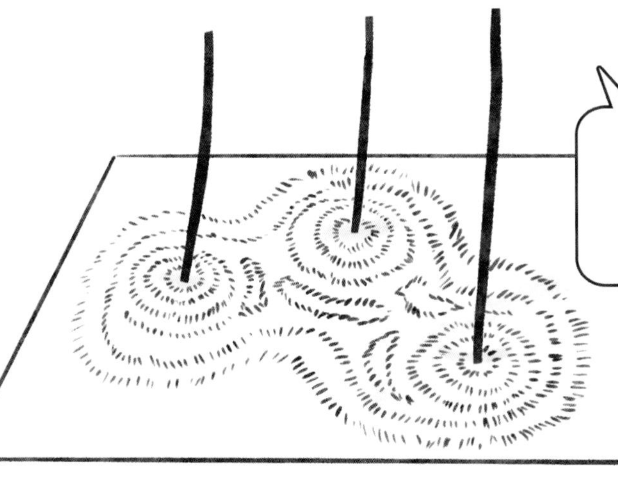

如果加入多条电线，我们便得到其他的形状。这些都可以用数学公式表达！

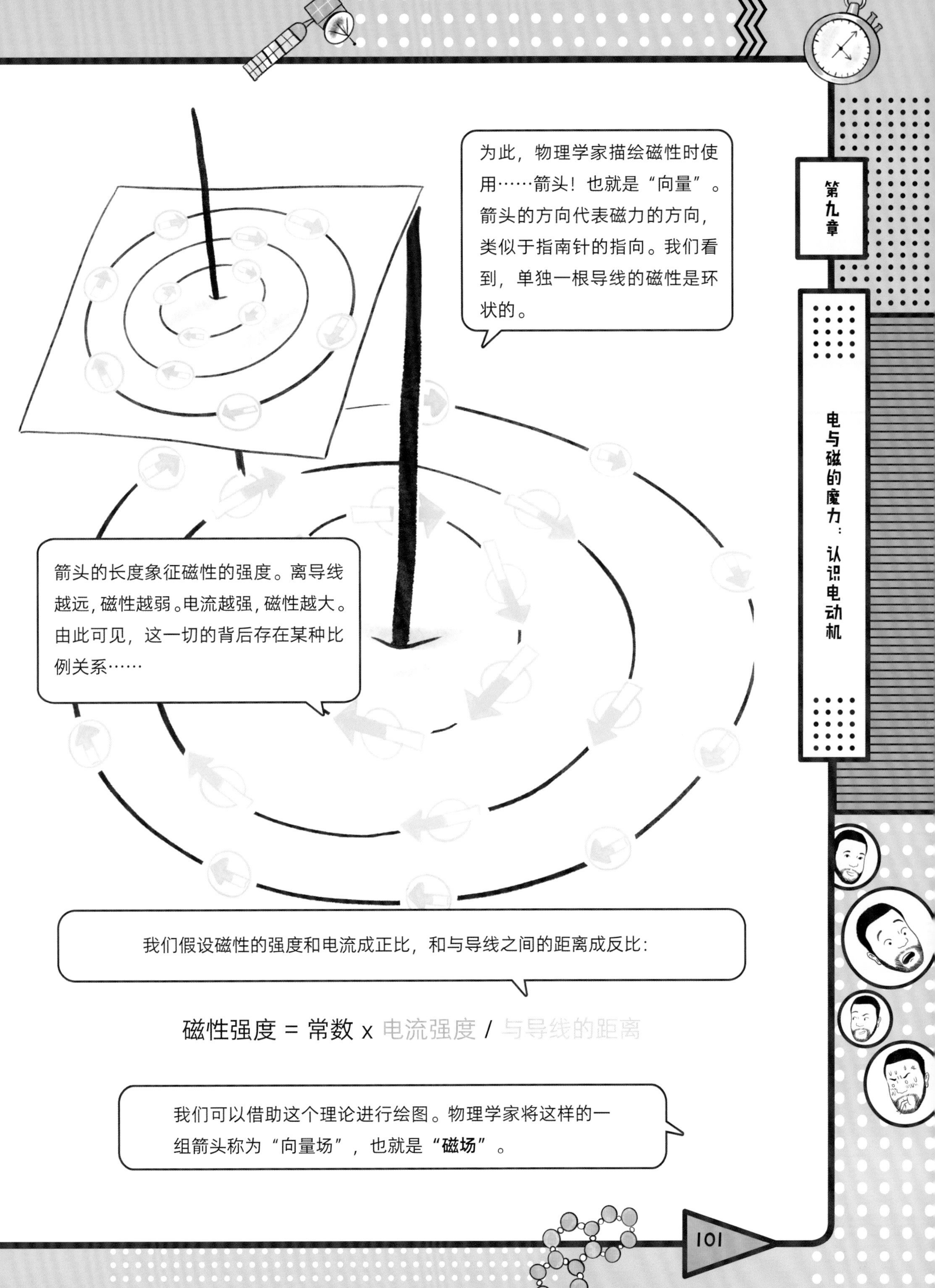
为此，物理学家描绘磁性时使用……箭头！也就是“向量”。箭头的方向代表磁力的方向，类似于指南针的指向。我们看到，单独一根导线的磁性是环状的。
箭头的长度象征磁性的强度。离导线越远，磁性越弱。电流越强，磁性越大。由此可见，这一切的背后存在某种比例关系……
我们假设磁性的强度和电流成正比，和与导线之间的距离成反比：
磁性强度 = 常数 x 电流强度 / 与导线的距离
我们可以借助这个理论进行绘图。物理学家将这样的一组箭头称为“向量场”，也就是“磁场”。

若想知道两条导线的磁性的形状，只需将两个向量场叠加，并对向量进行求和。两个向量的和，是将它们平行移动并首尾相连所得到的向量。

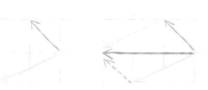

由此，我们便得到一个新的向量场，这就是两根导线的磁场。你可以通过实验验证它是否与现实相符。

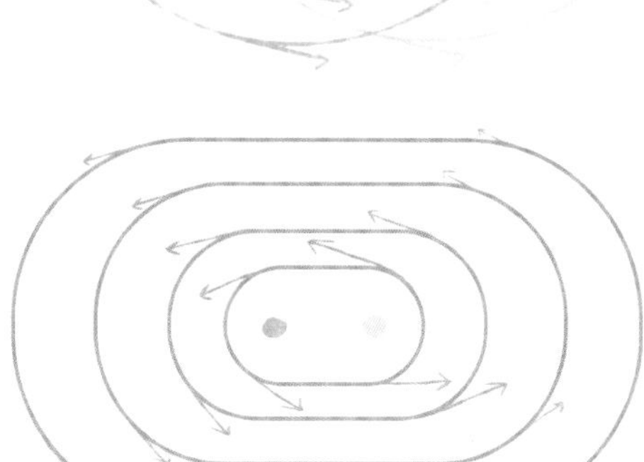

事实上，我们可以用另一个不同的数学公式描述磁性强度。这些不同的公式在叠加向量场时会得出不同的结果。

让我们开始实验，看看结果会如何。我们先放两根导线，然后撒上铁屑……

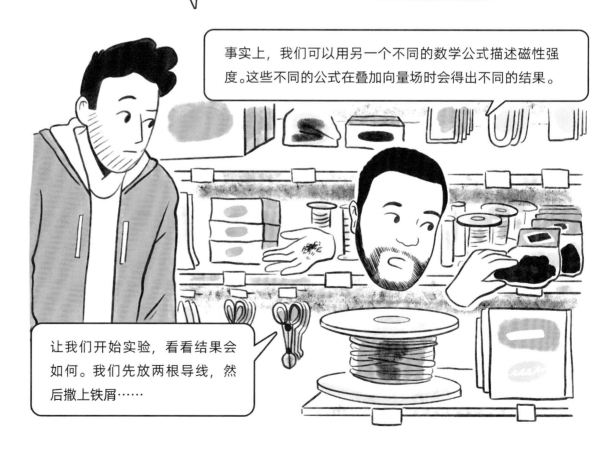

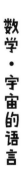

不可思议！这和我们用简单的比例公式预测的情况完全相同！
因此，数学公式：

磁性强度 = 常数 x 电流强度 / 与导线的距离

与现实非常吻合！物理学家将其写作：

$$B = k_A \times I/r$$

这个数学公式是安德烈 - 玛丽 · 安培最先发现的。这是他用数学研究磁学的一个典型特例。
$\oint \vec{B} \cdot d\vec{s} = \mu_0 I_{(ot)}$
$B \oint ds = \mu_0 I$
$B(2\pi r) = \mu_0 I$
$B = \frac{\mu_0 I}{2\pi r}$
数学和磁学通过一根导线建立了联系！

值得一提的是，导线并不总是笔直的，可以是任何形状。但我们最终都可以将其分割成无数的小段，再重新组合到一起。

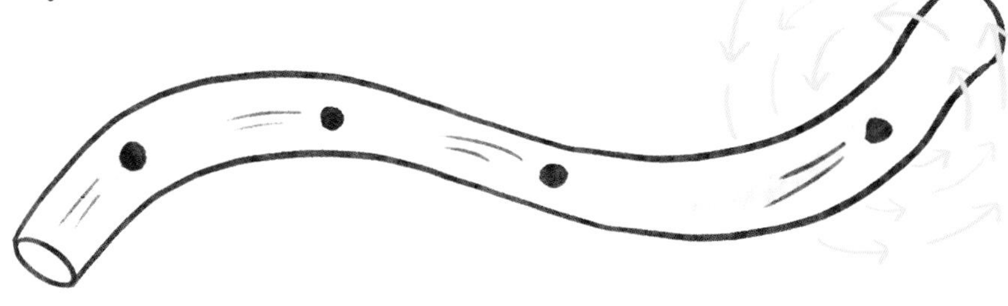

如果能找到一个描述一小段导线的磁场的数学公式，那么只需将所有的磁场叠加，便能得到整根导线的磁场！19世纪初，法国物理学家让-巴蒂斯特·毕奥和费利克斯·萨伐尔发现了这个公式。这就是“毕奥-萨伐尔定律”，被物理学家写作：

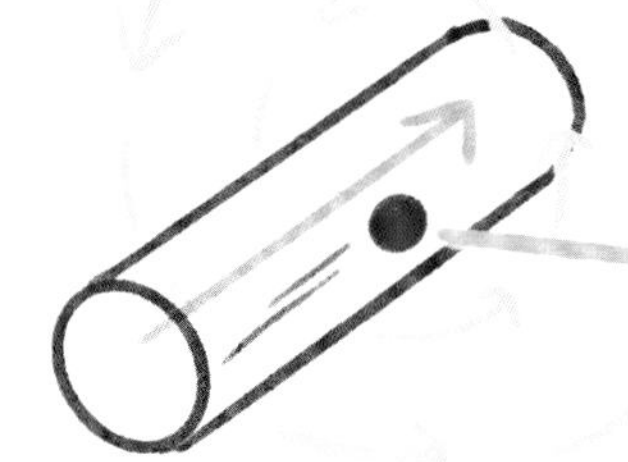

$$dB = k_{BS} \times I \times \frac{d\vec{\ell} \wedge \vec{r}}{r^3}$$

在这个定律中，两个向量之间的新型运算“∧”被称为“向量积”。它是一个与其他两个向量成直角的箭头，其长度等于它们夹角的正弦。这种计算方式属于一种新型数学，我们称之为“向量微积分”。

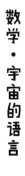

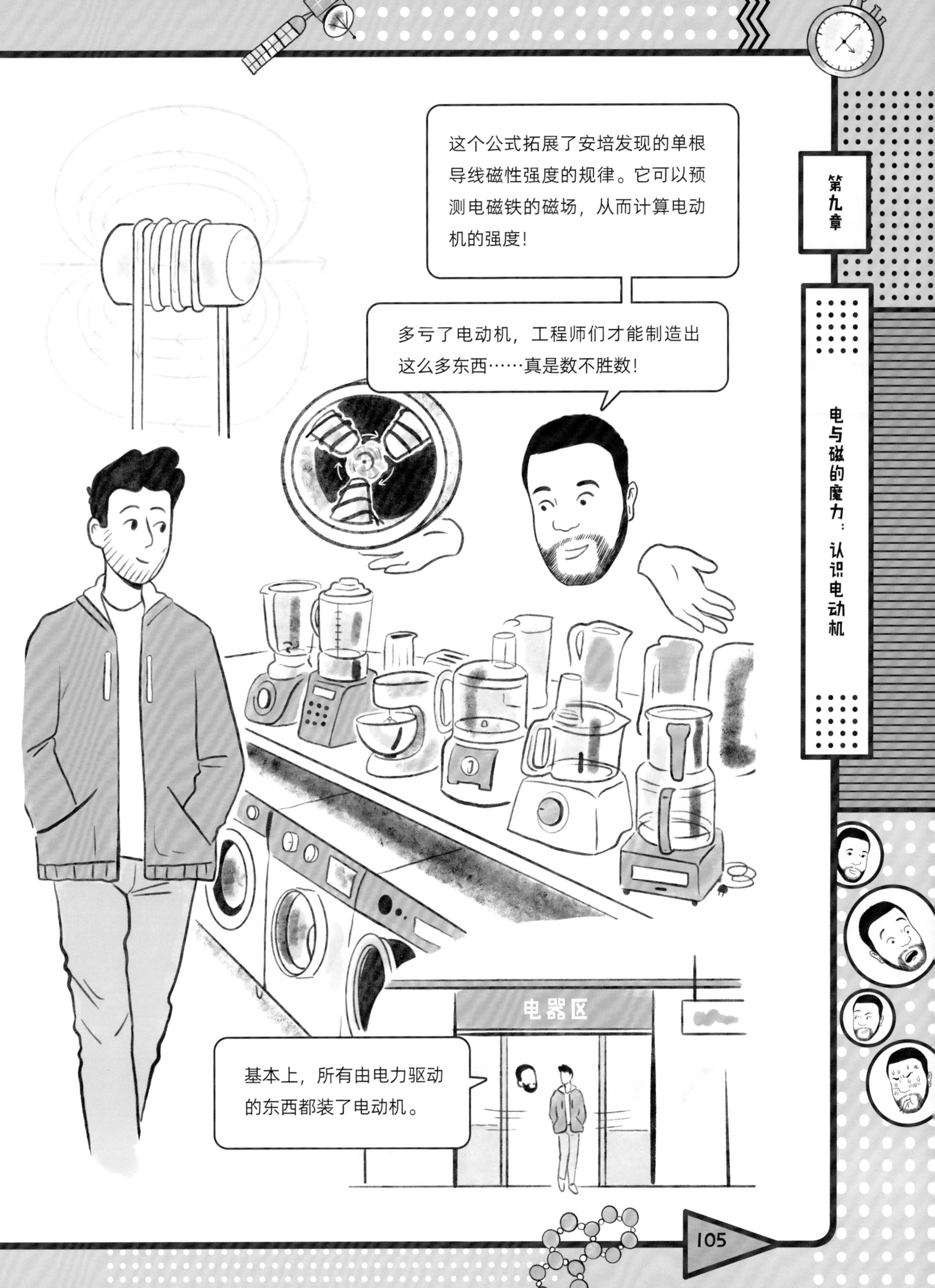
这个公式拓展了安培发现的单根导线磁性强度的规律。它可以预测电磁铁的磁场，从而计算电动机的强度！
多亏了电动机，工程师们才能制造出这么多东西……真是数不胜数！
电器区
基本上，所有由电力驱动的东西都装了电动机。

电动机有多种类型，但原理都一样：用电磁铁产生磁力。例如，如果在一块磁铁周围放置三块电磁铁，则可以通过有技巧地激活电磁铁来旋转磁铁。

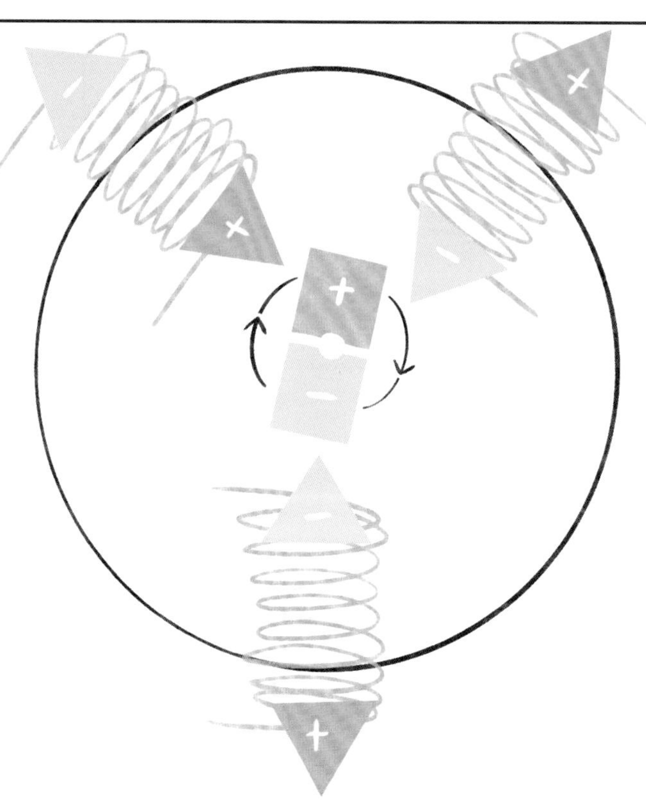

反之亦然，**电动机运转时会产生电流！**我们称之为“交流发电机”。这种现象叫作“磁感应”。1831 年，英国物理学家迈克尔·法拉第发现了这种现象。他是第一个注意到磁铁在通电线圈附近的运动会产生电流的人。

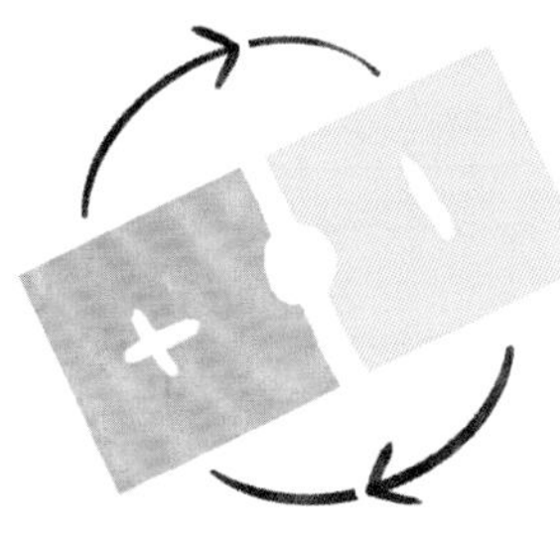

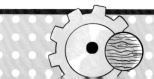

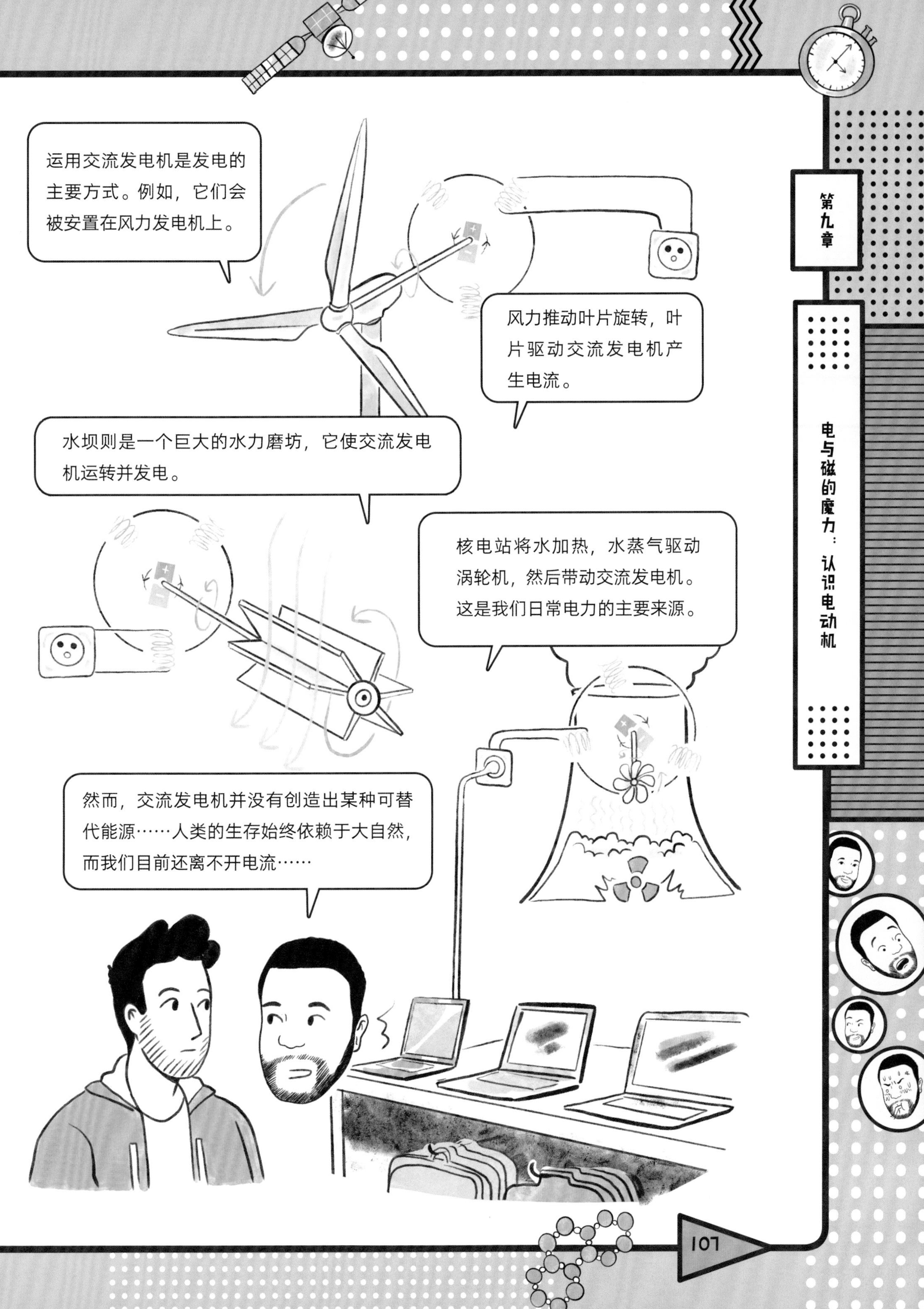
运用交流发电机是发电的主要方式。例如，它们会被安置在风力发电机上。
风力推动叶片旋转，叶片驱动交流发电机产生电流。
水坝则是一个巨大的水力磨坊，它使交流发电机运转并发电。
核电站将水加热，水蒸气驱动涡轮机，然后带动交流发电机。这是我们日常电力的主要来源。
然而，交流发电机并没有创造出某种可替代能源……人类的生存始终依赖于大自然，而我们目前还离不开电流……

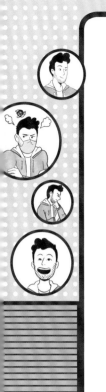

你现在知道电如何产生光和热，又了解了如何用电驱动发动机：这已经很不错了！然而你一定知道，还不止如此呢！电也可以用来……做计算！事实上，是由电子设备中的电路完成的。

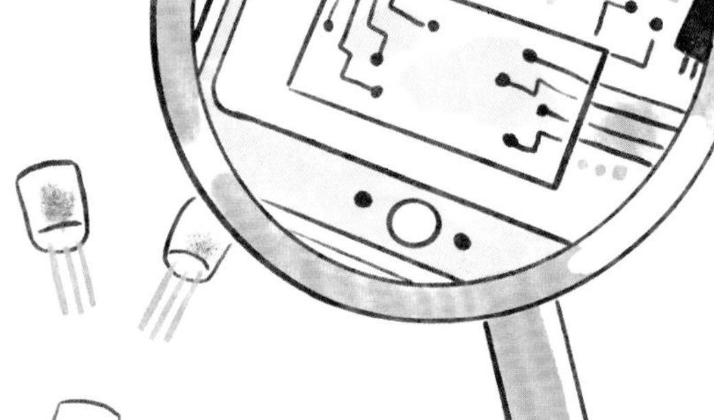


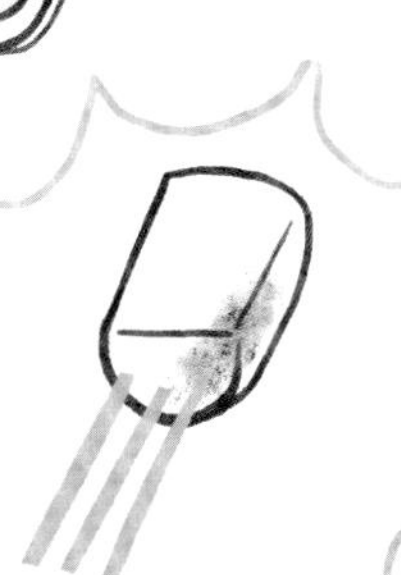

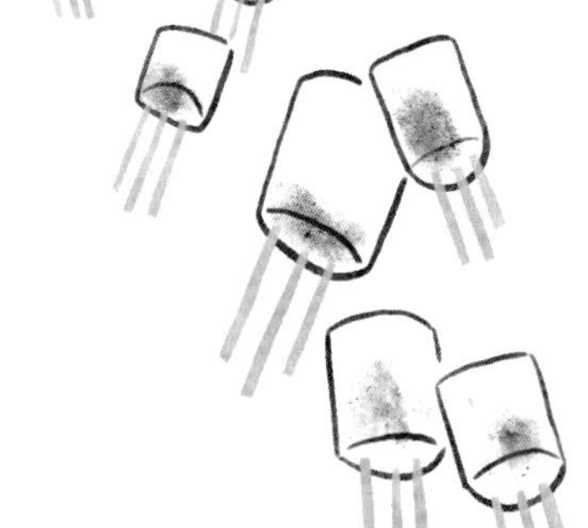

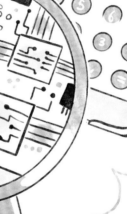

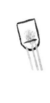

将它放大，我们会看到非常多的T形小元件。它们就是那些用电进行计算的家伙。

它们叫作“**晶体管**”！

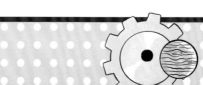

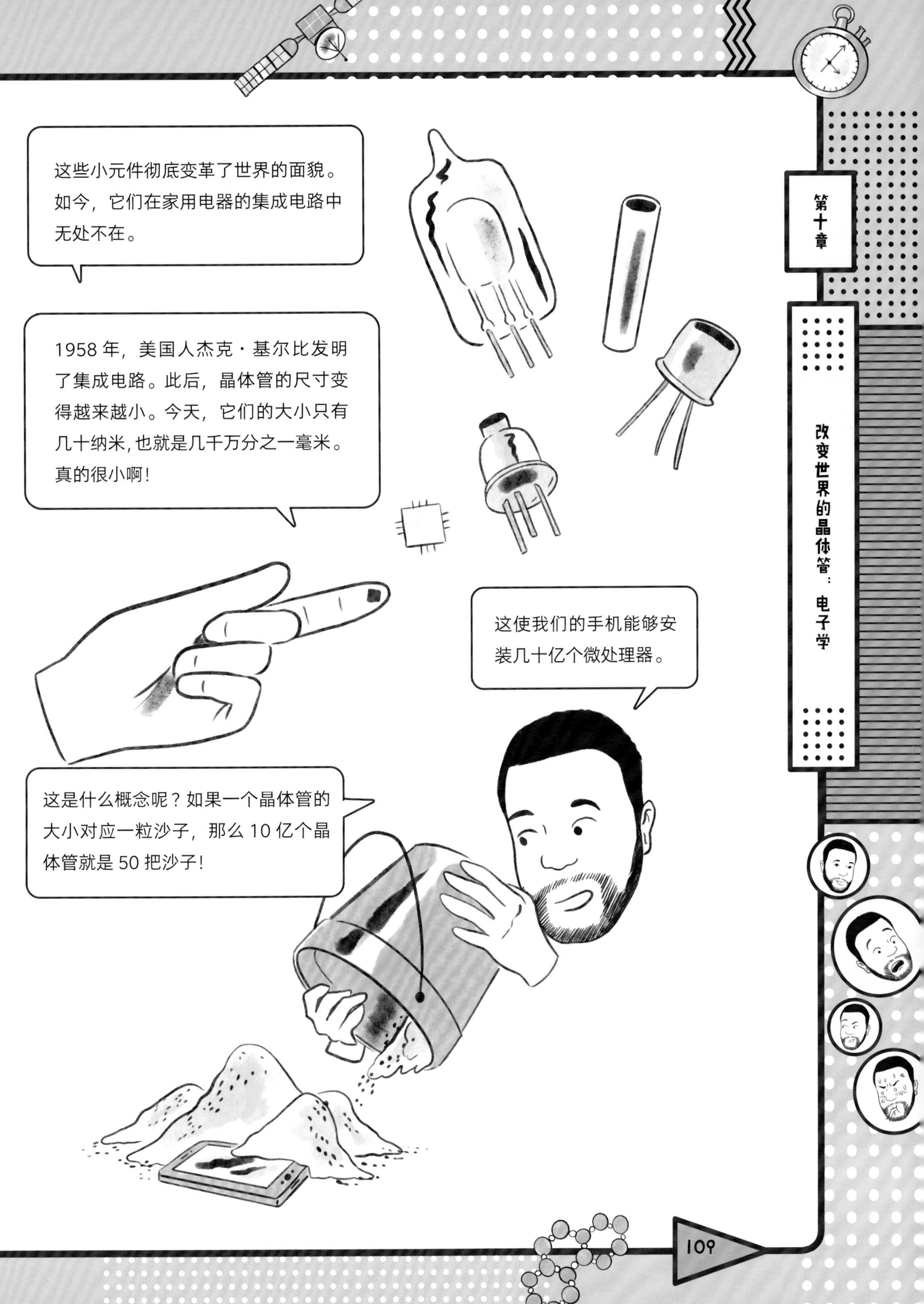
这些小元件彻底变革了世界的面貌。如今，它们在家用电器的集成电路中无处不在。
1958 年，美国人杰克·基尔比发明了集成电路。此后，晶体管的尺寸变得越来越小。今天，它们的大小只有几十纳米，也就是几千万分之一毫米。真的很小啊！
这使我们的手机能够安装几十亿个微处理器。
这是什么概念呢？如果一个晶体管的大小对应一粒沙子，那么 10 亿个晶体管就是 50 把沙子！

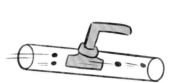

简单来讲，晶体管就像一只阀门。它用电子操作开关，用来允许或阻止其他电子通过。因此出现了两种晶体管。

由电子开启的晶体管……

或者由电子关闭的晶体管……

为了简化概念，我们将由电子开启的晶体管画成这样：

将由电子关闭的晶体管画成这样：

借助这个简单的原理，我们可以制造一些或简单或复杂的电路。不同的电子运动会产生不同的结果。

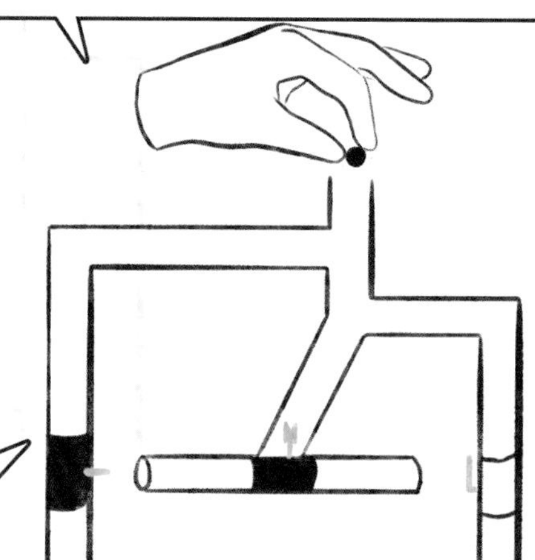

为了理解晶体管的工作原理，我们先从一个简单的电路入手，如图所示。

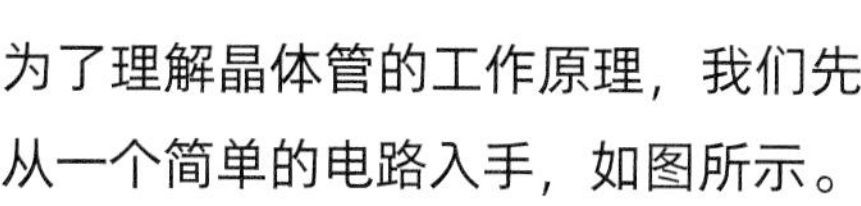

当阀门关闭时，电子无法通过，晶体管也不会被激活。左侧的晶体管是闭合的，右侧的晶体管是开启的。因此，电子向右传输，不向左传输。

当阀门开启时，电子将穿过它并激活晶体管！左侧的晶体管由闭合变为开启，而右侧的晶体管由开启变为闭合。此时，电子向左传输，不向右传输。

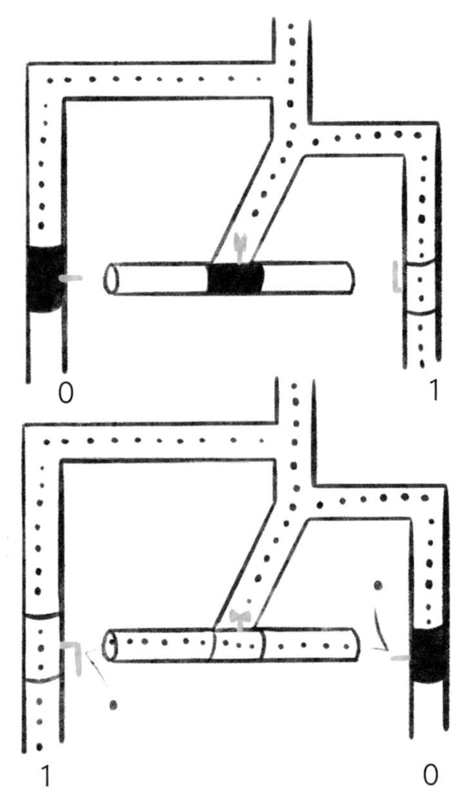

你明白这个原理了吗？

现在，让我们看看这个略微不同的电路。原理和上面一样，只不过这里有两个阀门。你会发现，结果更有趣了！

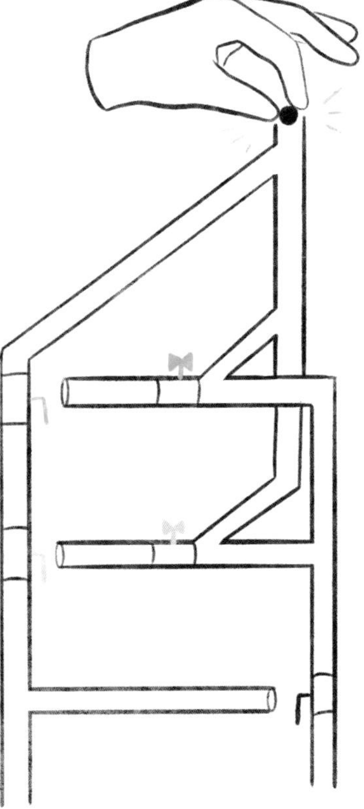

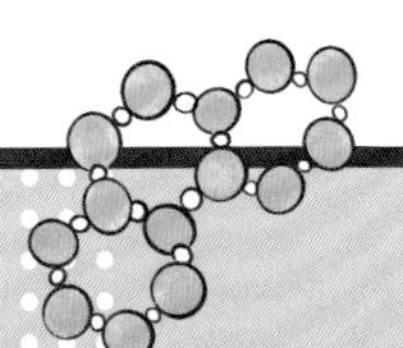

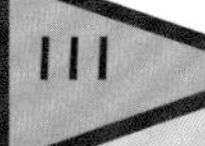

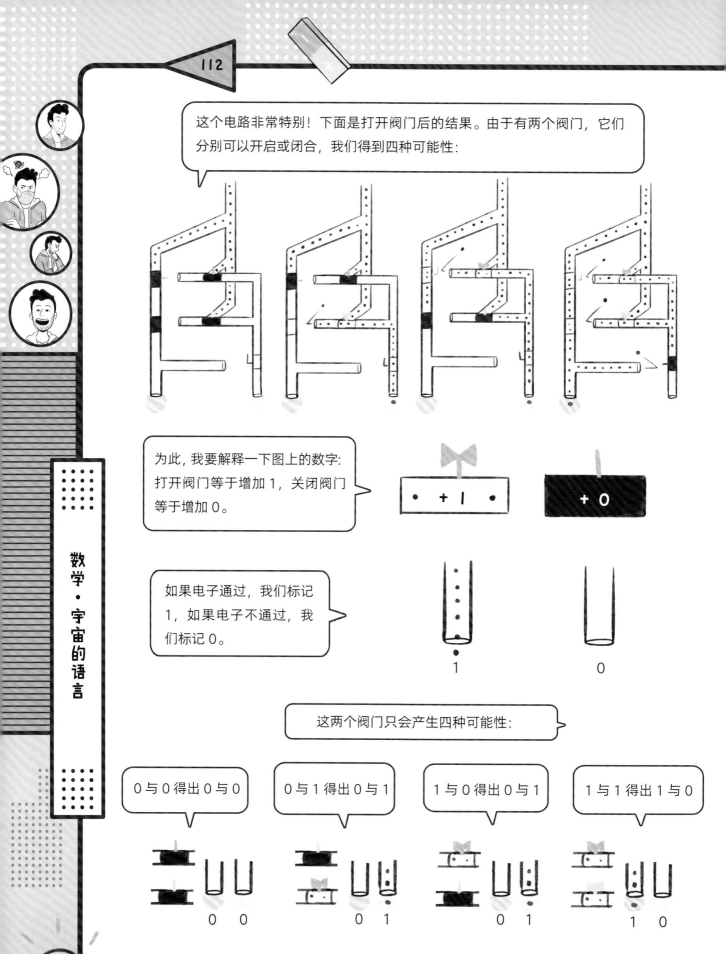

这个电路非常特别！下面是打开阀门后的结果。由于有两个阀门，它们分别可以开启或闭合，我们得到四种可能性：

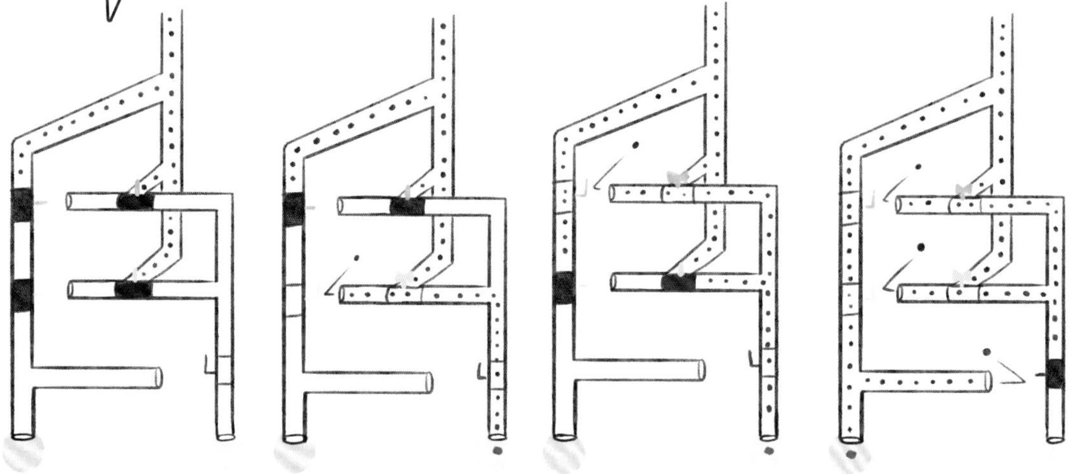

为此，我要解释一下图上的数字：打开阀门等于增加 1，关闭阀门等于增加 0。

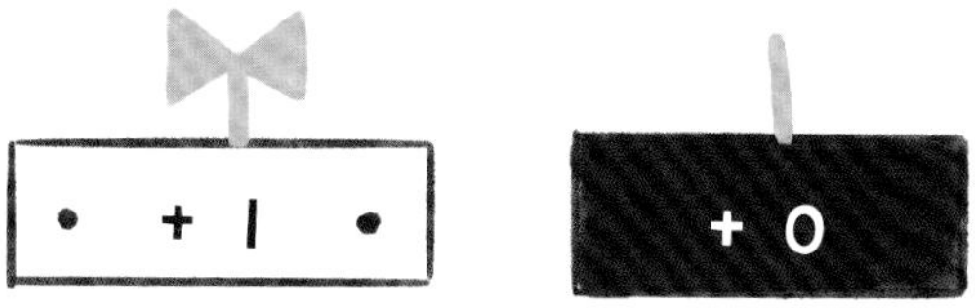

+1

+0

如果电子通过，我们标记 1，如果电子不通过，我们标记 0。

1

0

这两个阀门只会产生四种可能性：

0 与 0 得出 0 与 0

0 与 1 得出 0 与 1

1 与 0 得出 0 与 1

1 与 1 得出 1 与 0

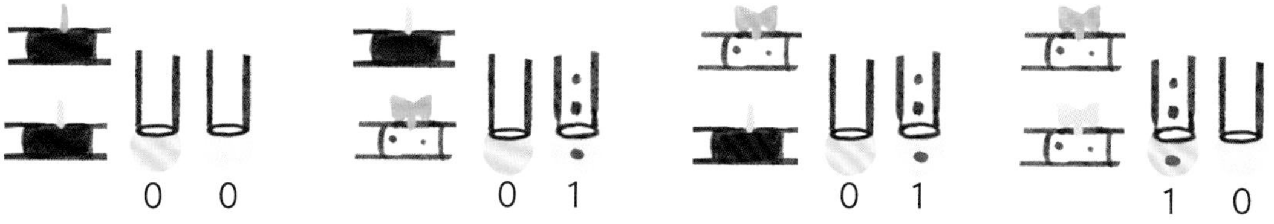

0 0

0 1

0 1

1 0

这些结果与二进制数字的加法结果一致！这就是为什么这个电路很特别。

| 二进制加法表 |
| --- |
| 0 + 0 = 00 |
| 0 + 1 = 01 |
| 1 + 0 = 01 |
| 1 + 1 = 10 |

这完全符合该电路的工作原理！这种类型的电路被称为“加法器”。这个电路非常简单，因为它的晶体管很少。那么，如果遇到更复杂的情况，我们该怎么做？

制造电路时会用到数十亿个晶体管，我们不可能将所有电路都画下来观察。因此，工程师们使用一种非常特殊的数学描述这种现象，从而计算出所需的电路：

**逻辑代数。**

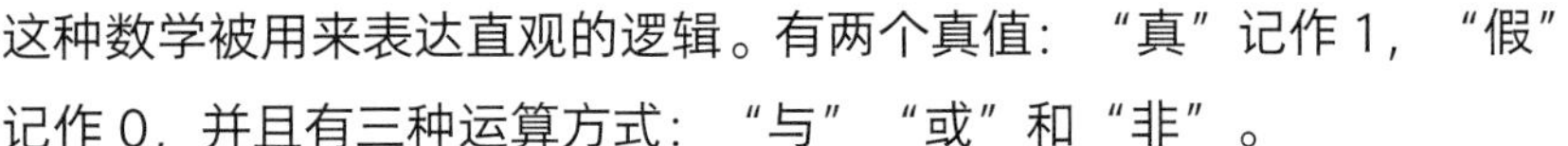

这种数学被用来表达直观的逻辑。有两个真值：“真”记作 1，“假”记作 0，并且有三种运算方式：“与”“或”和“非”。

“非”表示将真实值反转。“非真即假”或“非假即真”。

非1 = 0

非0 = 1

“与”和“或”表示的逻辑为：如果“我有一个羊角面包”是真的（1），并且“我有一个巧克力面包”是假的（0），那么“我有一个羊角面包和一个巧克力面包”是假的（0），但“我有一个羊角面包或一个巧克力面包”是真的（1）。

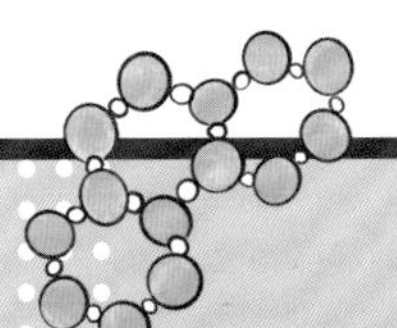

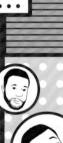

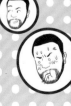

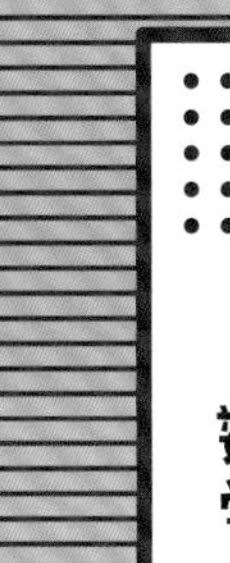

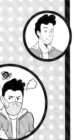

“与”和“或”可以排列出四个可能的结果，用表格表示为：

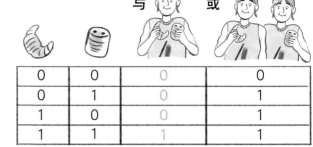

| | | 与 | 或 |
|---|---|---|---|
| 0 | 0 | 0 | 0 |
| 0 | 1 | 0 | 1 |
| 1 | 0 | 0 | 1 |
| 1 | 1 | 1 | 1 |

制造电子电路时，我们要先列出需要得到的结果。例如，一个加法器必须具备这些数值：

| | | | |
|---|---|---|---|
| 0 | 0 | 0 | 0 |
| 0 | 1 | 0 | 1 |
| 1 | 0 | 0 | 1 |
| 1 | 1 | 1 | 0 |

这些表被称为“真值表”。第一层的加法操作对应于运算“与”。所以将其简写为：

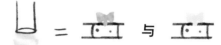

= 与

逻辑代数同样可以表达第二层的数字运算：

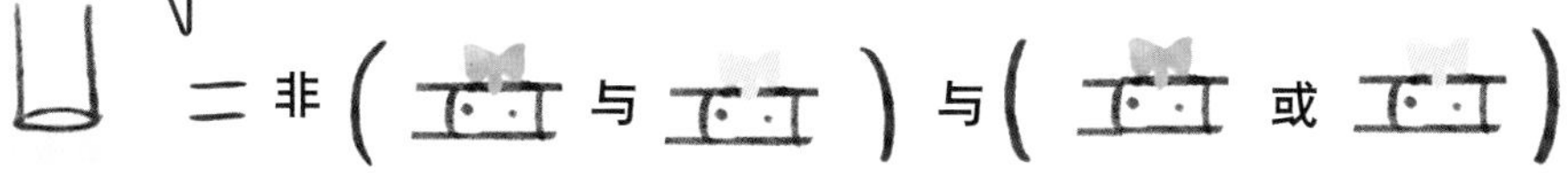

= 非（ 与 ）与（ 或 ）

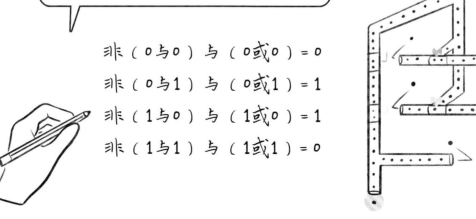

电路实际上是对这种数学公式的翻译。

非（0与0）与（0或0）=0

非（0与1）与（0或1）=1

非（1与0）与（1或0）=1

非（1与1）与（1或1）=0

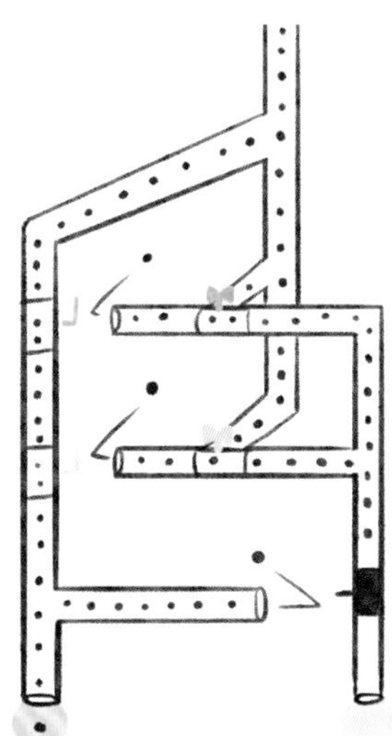

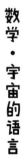

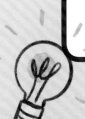

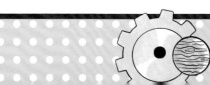

逻辑代数起源于非洲毛里塔尼亚的一个部落，他们用这种运算进行占卜。人们从沙子里抽取木棍，并套用以下规则：

一根木棍加一根木棍等于两根木棍。

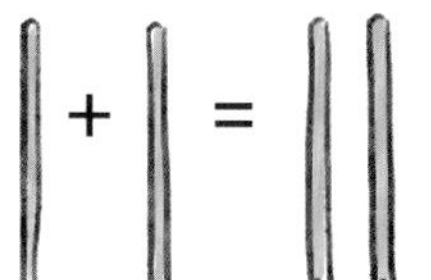

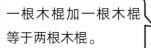

两根木棍加一根木棍等于一根木棍。

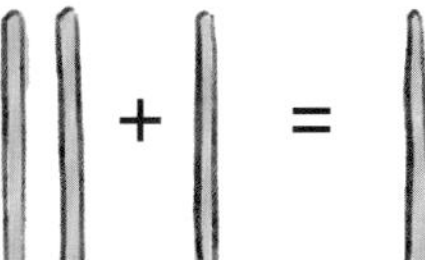

两根木棍加两根木棍等于两根木棍。

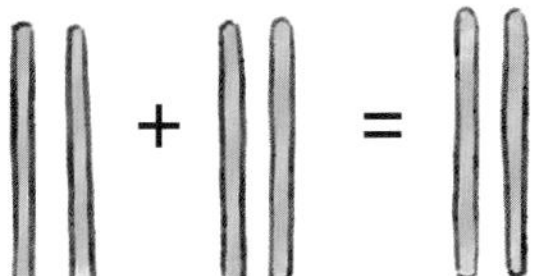

10 世纪的阿拉伯探险家见到后将其带入阿拉伯世界。

12 世纪，**乌戈·桑塔耶**看到有人使用这一运算后，将其引入西班牙。在那里，他凭借“探地术”成为了炼金术士的一员。

德国数学家戈特弗里德·莱布尼茨改进了这项探地术，并用数字零代表两根木棍。

二进制数学诞生了！乔治·布尔用这个概念发明了逻辑代数，随后约翰·冯·诺伊曼用它发明了数字计算机！

计算机的核心元件是一个被称为“微处理器”的特殊电路。电路中的一只时钟以固定的频率发射电子，它控制多个输入口，可以连接鼠标、键盘和屏幕，也可以与二进制计算机程序的特殊接口相连。

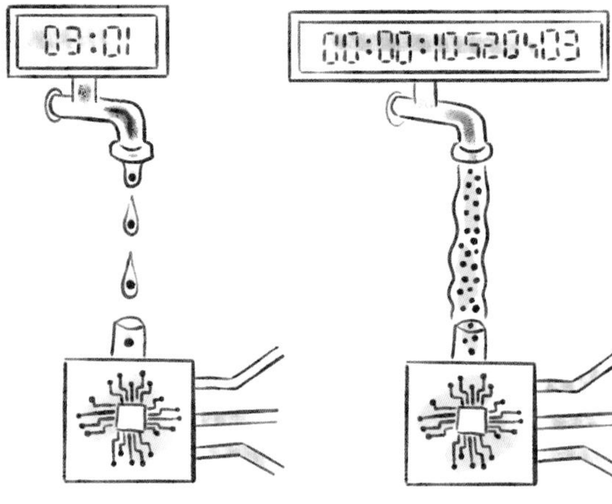


如今，计算机时钟的频率为每秒 20 亿次震荡！因此，处理器是一台疯狂的机器！

当你操作键盘时，电子便被发射到微处理器中，微处理器将按照你的指令运行，遵循计算机程序来构建电路。同时，时钟以固定的频率发射电子。这些电子用于显示像素，而这些像素对应着你在键盘上输入的字母。

当我们用手机观看视频时，天线会发射电子，每秒可显示多幅视频画面！

你会发现，我们可以用这些电路来运行发动机、点亮灯泡、计算汽车活塞需要的汽油量，还能做许多其他事情！这一切要归功于特殊的数学。
最重要的是，这种电路推动了工业机器人的发展，使人们得以用超出人类水平的精度制造科技产品。如你所见，我们日常生活中的很多物品都是由这种方式生产的。
科技越进步，晶体管越小，我们的电子设备越复杂。微处理器可容纳的晶体管数量大约每 18 个月会增加一倍，我们称其为“摩尔定律”。这就是为什么我们感觉科技在飞速发展！
1957
2020

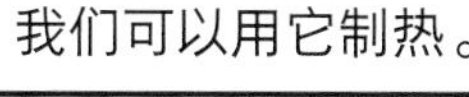

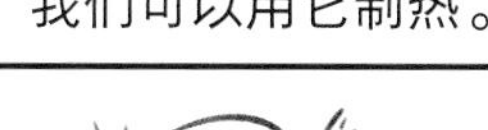

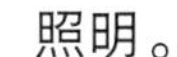

你无法想象电可以用来做多少事情！
我们可以用它制热。
照明。
制作磁铁。
做数字运算。

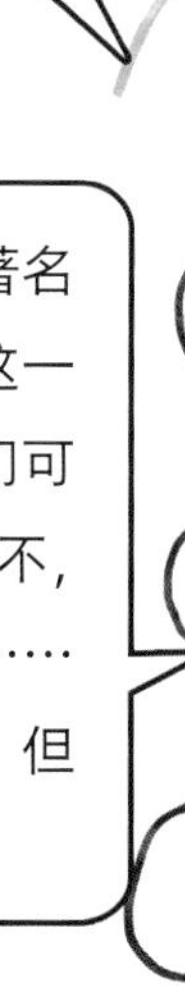

还可以用它实现 **无线通信**。这大概是你每天使用的最奇怪的东西，对吧？
来电
你有没有想过手机使用的著名的“波”代表什么？讨论这一点之前，你需要知道，我们可以与无形的力量进行交流。不，这可不是巫术，只是磁力……实际上，也不完全是磁力，但和它很类似。
实际上，天线就是利用电荷的隐形力量进行通信的！

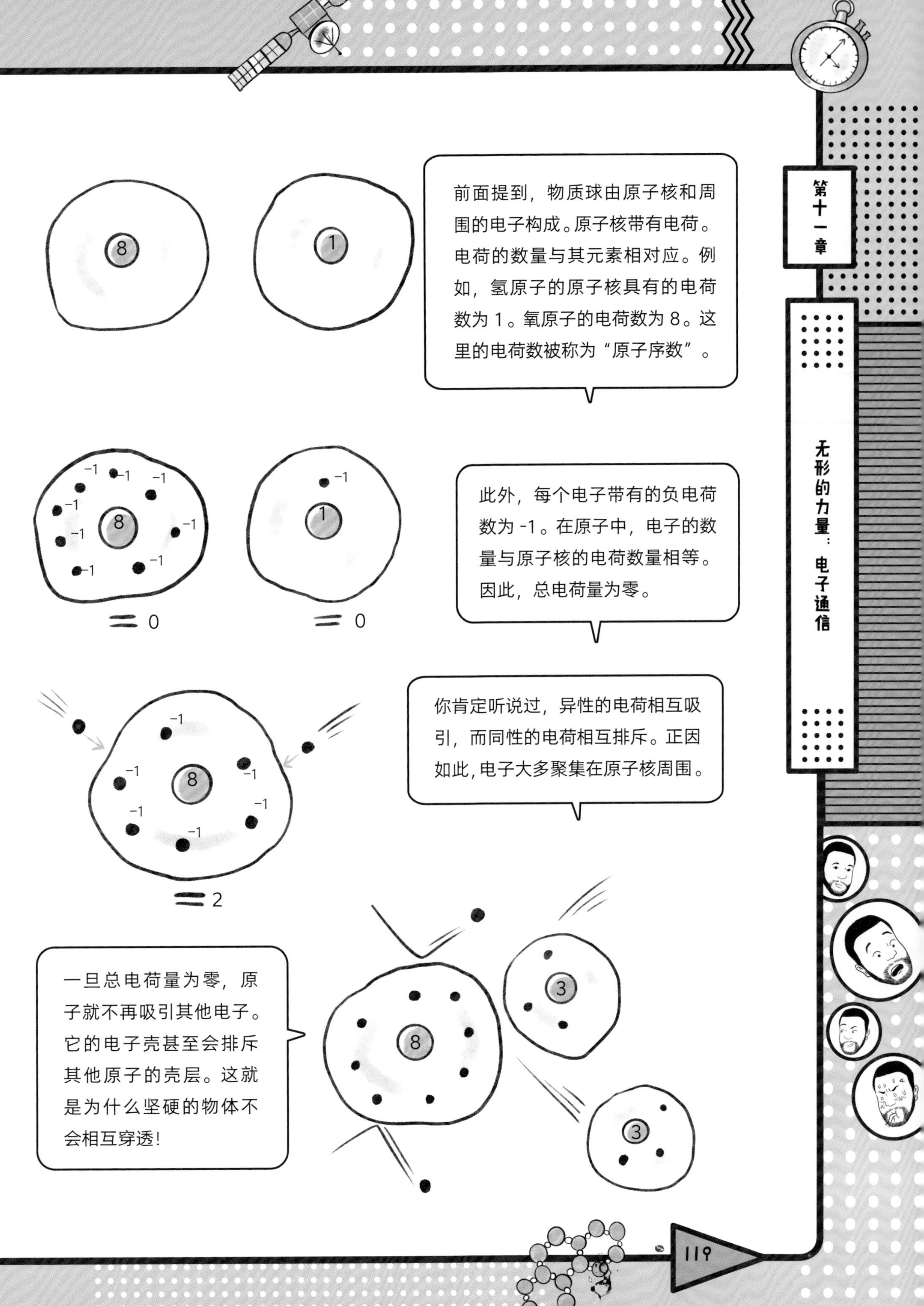
前面提到，物质球由原子核和周围的电子构成。原子核带有电荷。电荷的数量与其元素相对应。例如，氢原子的原子核具有的电荷数为 1。氧原子的电荷数为 8。这里的电荷数被称为“原子序数”。
8
1
此外，每个电子带有的负电荷数为 -1。在原子中，电子的数量与原子核的电荷数量相等。因此，总电荷量为零。
-1
= 0
= 0
你肯定听说过，异性的电荷相互吸引，而同性的电荷相互排斥。正因如此，电子大多聚集在原子核周围。
= 2
一旦总电荷量为零，原子就不再吸引其他电子。它的电子壳甚至会排斥其他原子的壳层。这就是为什么坚硬的物体不会相互穿透！
3
第十一章
无形的力量：电子通信

让我们回到金属的话题。金属中的物质小球带有正电荷，电子带有负电荷。因此，在正常情况下，总电荷量为零。

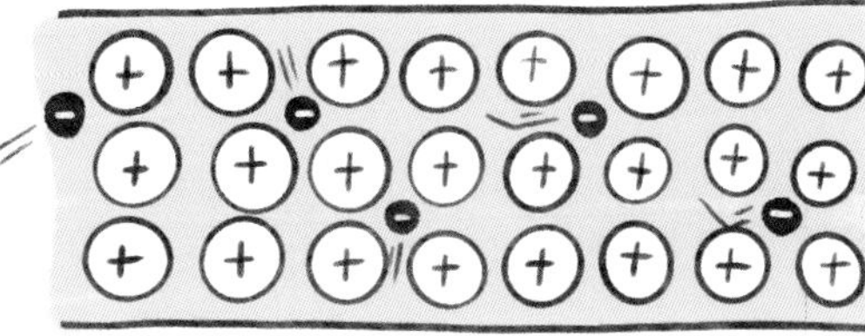

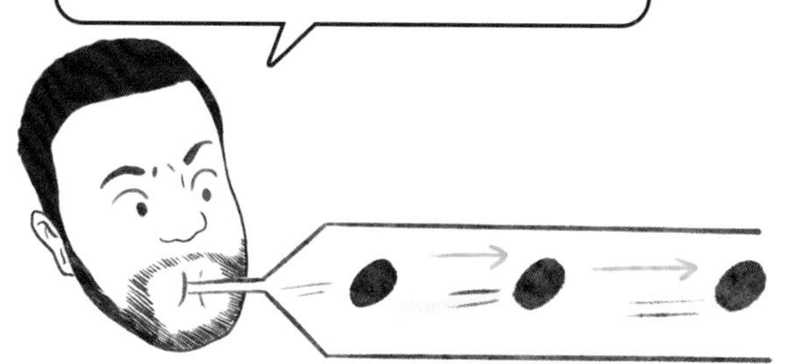

当电子被推到一侧时，它们彼此产生排斥力，于是整体向前移动。好了，这就是天线的工作原理！

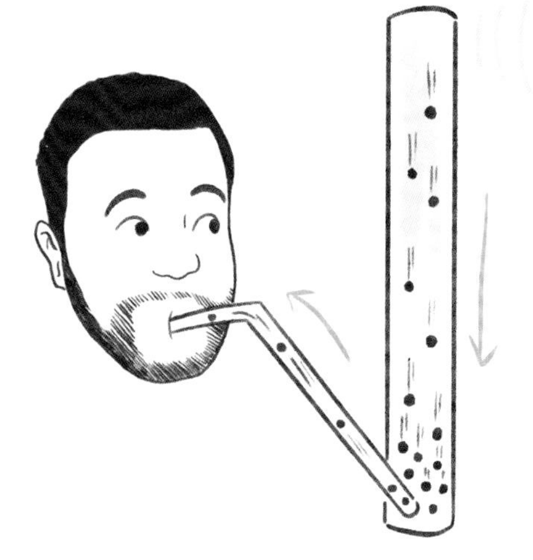

天线中的电子被吸走后，其总电荷量变为正，从而吸引接听方的天线发射的电子。

同理，如果将电子推入天线，其电荷量就变为负，这将使电子逃出接听方的天线。

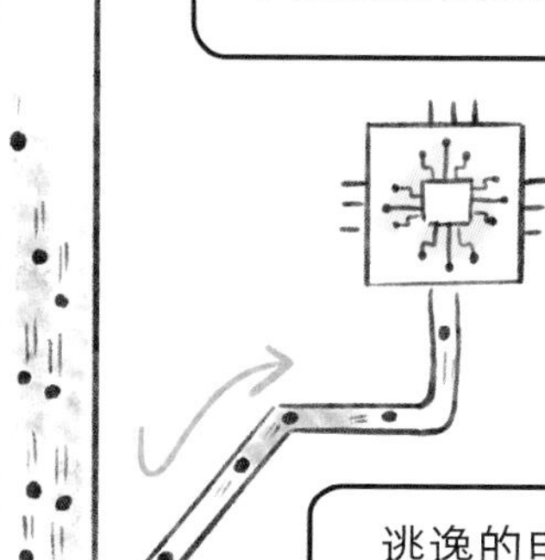

逃逸的电子会进入电路，剩下的你都知道了！

天线相距很远时，电子的运动非常微弱。
但电子设备仍然能够捕获它们。
你觉得这难以置信？事实上，当天线的数量变多，就出现了一个大问题，它们会互相干扰。
这有点像很多人同时说话的场景……谁也听不见谁。
为了在这种情况下顺利地通信，人们用特殊的数学方法对每根天线发送的消息进行解码。
第十一章
无形的力量：电子通信

电路能计算出与其连接的天线进出的电子量。

它为这个数量分配一个数字。

如果电子进入，就将这个数字记为正，如果电子离开，就将这个数字记为负。

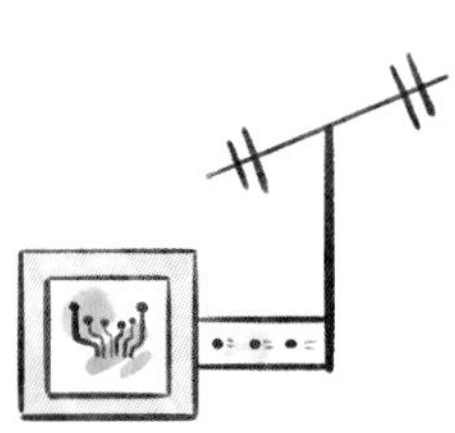

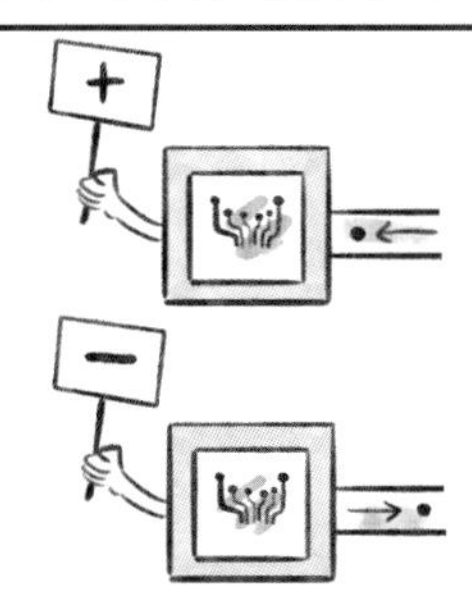


为了使每根天线的消息都能被解码，我们让它们发射不同频率的周期性信号。

假设发送信号对应1，没有发送信号对应0。

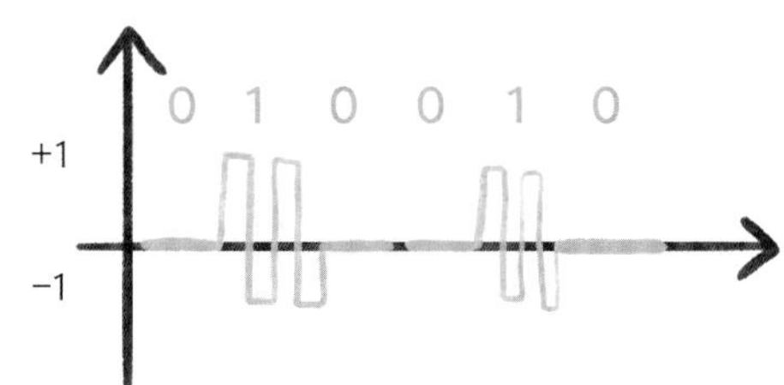


那么接收器接收的信号就是每根天线发送的信号之和。这看起来没什么规律……

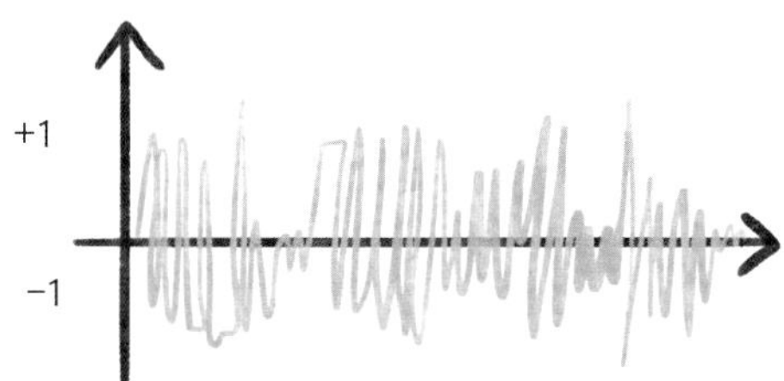


然而通过数学，我们可以进行解码并得到初始信息，用到了如下规则：

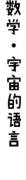

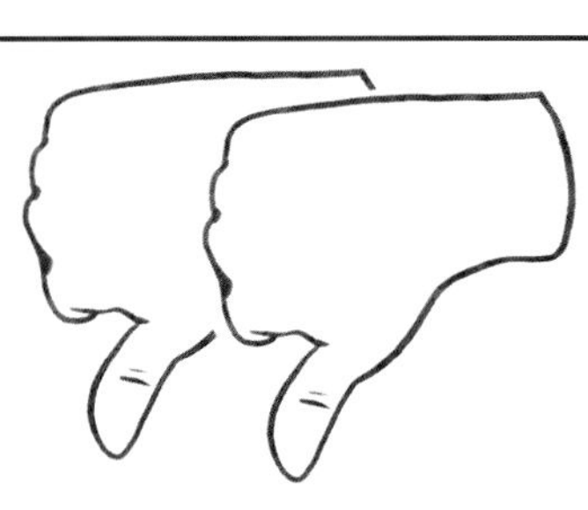

“两个负数的乘积是一个正数。”

通过这个数学规则，我们发现，如果将两个不同频率的信号相乘，值为 0。如果两个信号的频率相同，则值为 1。

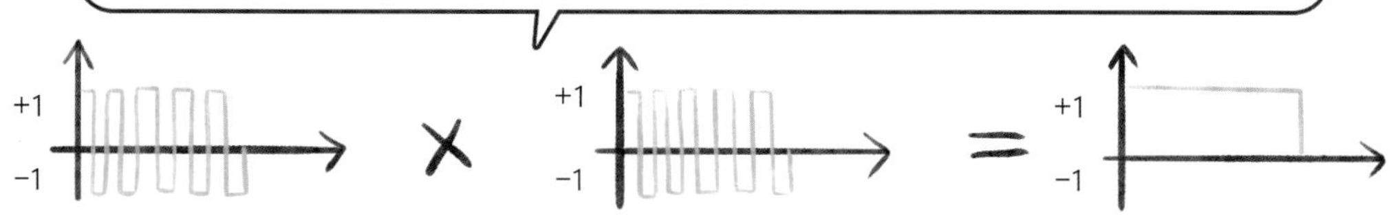


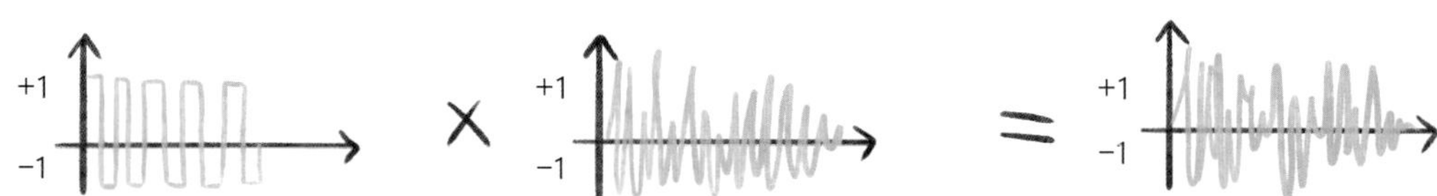


因此，如果一个信号是几个不同频率的信号的总和，又乘以某个天线的频率，那么只有天线自己的信号的值不为零！

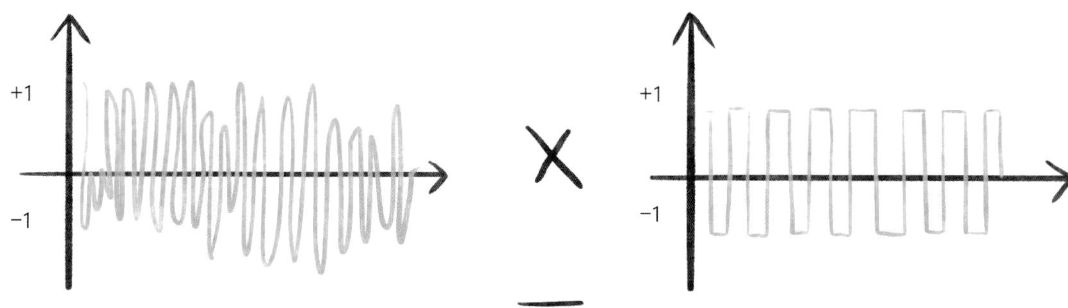


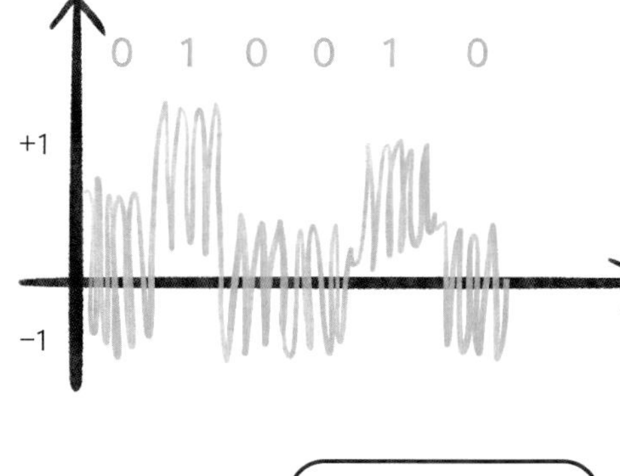


我们就这样分离出了特定天线发送的信号。这个过程被称为“解调”。

这不复杂吧？我们必须保持乐观！

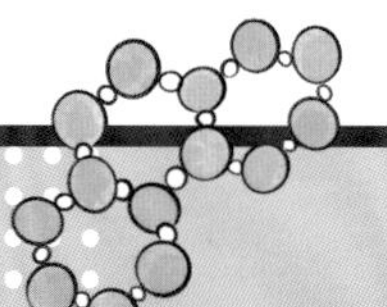

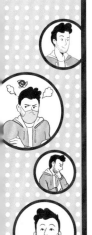

负负得正的规则并不直观，我们可以这样简写：

这有点像法语中的双重否定，“我不想看不见”的意思是“我想看见”。

然而，不同的语言有不同的语法。在某些语言中，双重否定可以强化否定，而不是使否定无效。在现代数学中，我们该选择哪条规则呢？

我们扩展了仅有正数的数学，使其规则兼容后来引入的负数。换言之，我们创造了新的数学！

新的数学必须与旧的规则兼容。例如

$$2 \times (3 + 1) = 2 \times 3 + 2 \times 1$$

用我们的数学语言可以将其写为：

2 | 3
  | 1
══
2 | 3
2 | 1

加法和乘法之间的这种联系被称为“分配律”，如果加入负数，则必须保留该特性：

$$(-2) \times [3 + (-1)] = (-2) \times 3 + (-2) \times (-1)$$

另一个重要的规则更加直观：

$$1 + (-1) = 0$$

1
−1
══
0

如果将这两个规则同时加以考虑，那么我们会得到，

$$(-1) \times (-1) = 1$$

−1 | −1
══
1

为了验证这一点，我们来做一个**“数学演示”**。我想，你一旦在这里认出上面提到的规则，理解起来就很容易了。

$$\begin{aligned}(-1) \times (-1) &= 1 \times 0 + (-1) \times (-1) \\ &= 1 \times [1 + (-1)] + (-1) \times (-1) \\ &= 1 \times 1 + 1 \times (-1) + (-1) \times (-1) \\ &= 1 + [1 + (-1)] \times (-1) \\ &= 1 + 0 \times (-1) \\ &= 1\end{aligned}$$

−1 | −1
══
1 | 0
−1 | −1
══
1 | 1
  | −1
−1 | −1
══
1 | 1
1 | −1
−1 | −1
══
1 | 1
1 | −1
−1 |
══
1 | 1
0 | −1
══
1

为了确保与之前的数学保持一致，创造新的数学时都要对某些规则进行检验。如你所见，创造新的数学往往是出于用数学方式描述物理现象的需要。

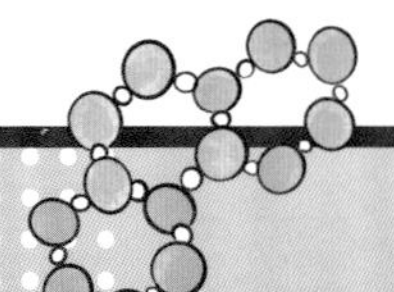

负数的出现使我们得以描述电荷的强度。18 世纪物理学家查尔斯·奥古斯丁·德·库仑是第一个用数学公式描述电荷的人。

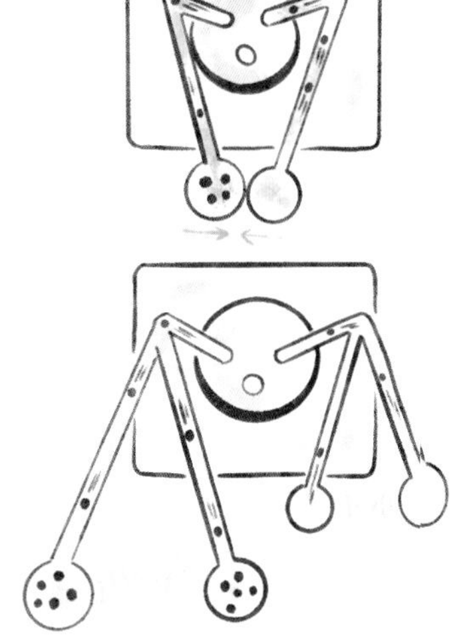

他发现，如果电荷的符号相同，则两个带电球体之间有排斥力，如果电荷的符号相反，则两个带电球体之间有吸引力。

力与两个球体之间距离的平方成反比，与球体的电荷量成正比。它的数学公式写作：

电力= 库仑常数 x 一个物体的电荷量 x 另一个物体的电荷量 / 物体中心之间的距离²

物理学家则这样写：

$$F = k_C \times Q_1 \times Q_2 / D^2$$

如果电荷的符号相同，则力为正，如果电荷的符号相反，则力为负。正数和负数让我们得以区分力量的方向！

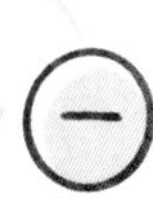
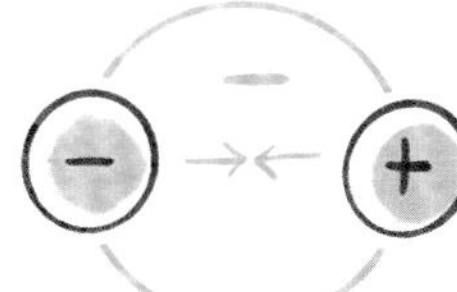

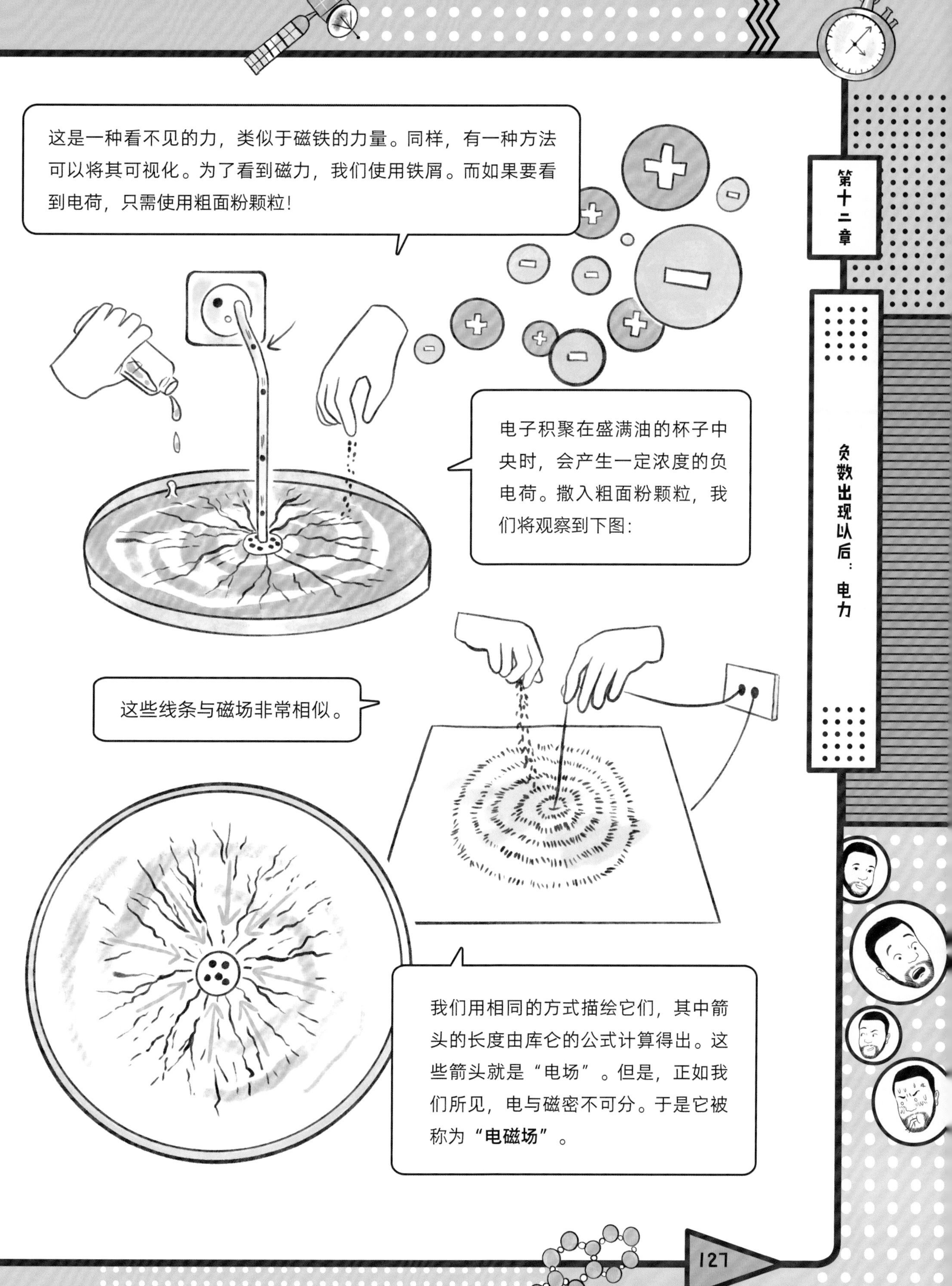
这是一种看不见的力，类似于磁铁的力量。同样，有一种方法可以将其可视化。为了看到磁力，我们使用铁屑。而如果要看到电荷，只需使用粗面粉颗粒！
电子积聚在盛满油的杯子中央时，会产生一定浓度的负电荷。撒入粗面粉颗粒，我们将观察到下图：
这些线条与磁场非常相似。
我们用相同的方式描绘它们，其中箭头的长度由库仑的公式计算得出。这些箭头就是“电场”。但是，正如我们所见，电与磁密不可分。于是它被称为**“电磁场”**。
第十二章
负数出现以后：电力

为了用数学语言描述电磁场，我们需要一种能进行向量场运算的数学。这是一种新的数学方言，叫作**“向量分析”**。

19 世纪的英国物理学家詹姆斯·克拉克·麦克斯韦做到了这件事。多亏了他的向量方程，我们如今才能够制造电视、卫星及电话等设备的天线。每次打电话时，都要想想他的名字！

离开商店前有点内急？

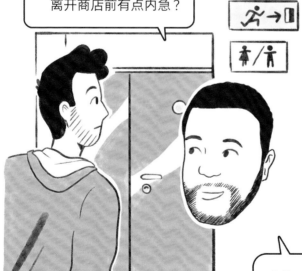

我们一起去吧！没有什么比液体的流动更有助于理解向量分析的概念了！一旦你理解这个概念，其他的就很简单了。

这里的箭头代表水的速度。通过箭头的外观可以判断液体是否在加速、旋转等。

这有点像牛顿的速度和加速度的概念。我们将介绍两个重要概念："散度"和"旋度"。这两个词语来自这种新的数学！**请想象我们将流体切割成了非常小的立方体网格。**

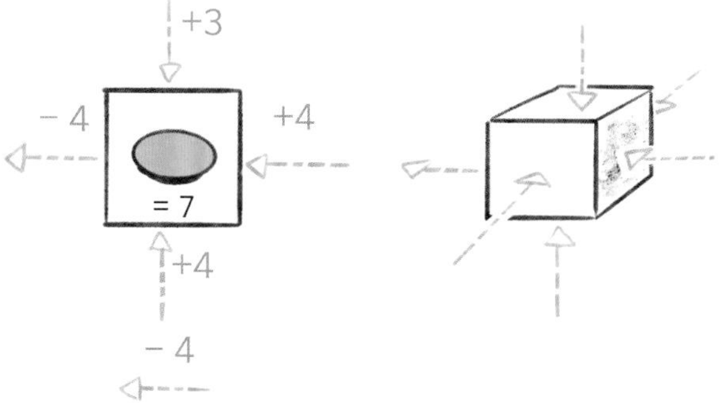

**散度**是指相邻立方体指向内部的垂直、水平和高度方向的箭头与指向外部的箭头的差。

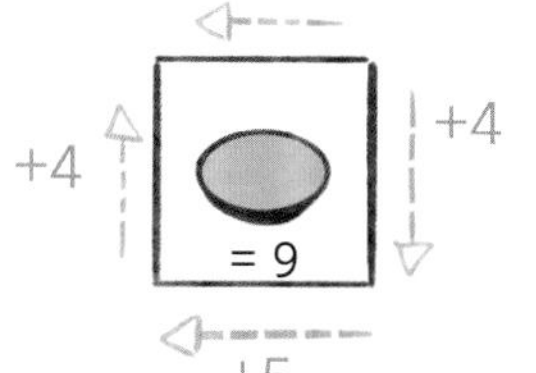


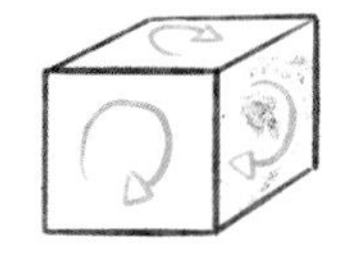

**旋度**是由绕立方体顺时针旋转的箭头求和得来的。它表示向量场如何绕轴进行"旋转"。旋度由三个数字表达，因为你可以在立方体上绘出三个不同的圆。这些数字则组成旋转向量的坐标。

我们用这个符号表示散度：

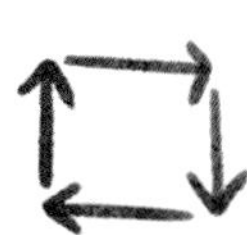

用这个符号表示旋度：

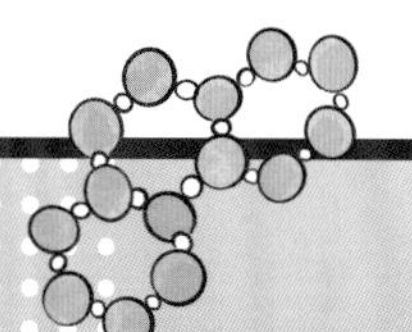

这些向量分析的概念有助于我们用数学语言描述前面提到的电和磁的性质。

斜率

至于电与磁之间的联系，我们可以说**电流等于旋转的磁场**。

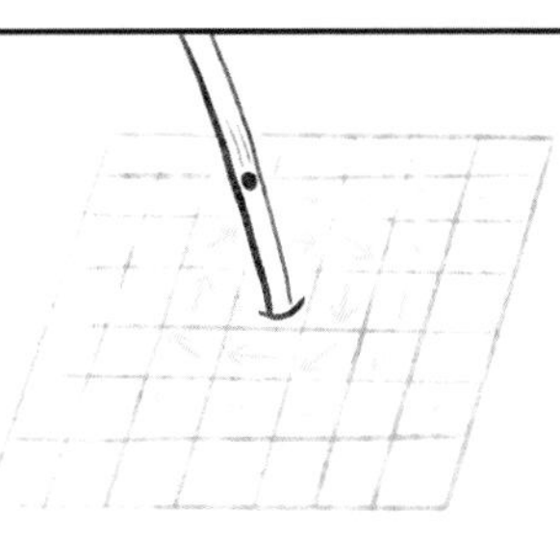

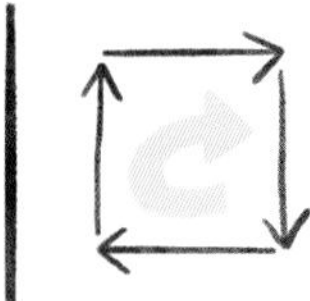

关于电荷的作用，我们会说，**累计电荷数量等于电场的散度**。

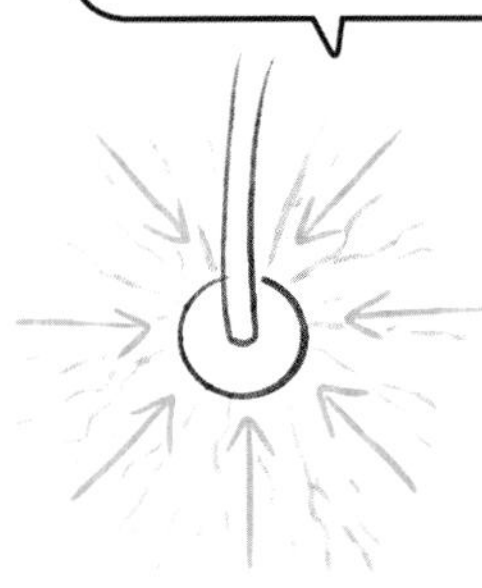

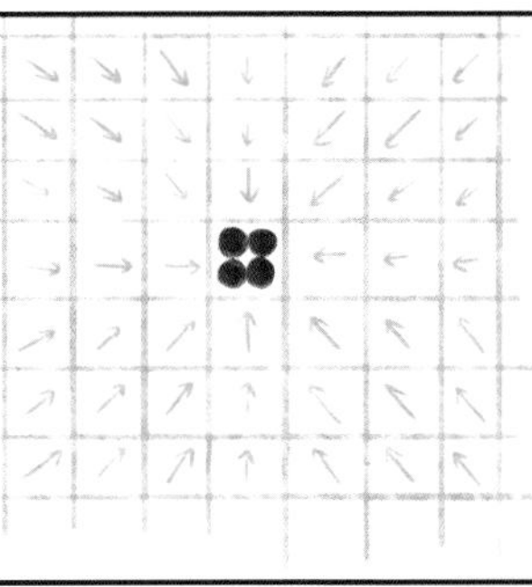

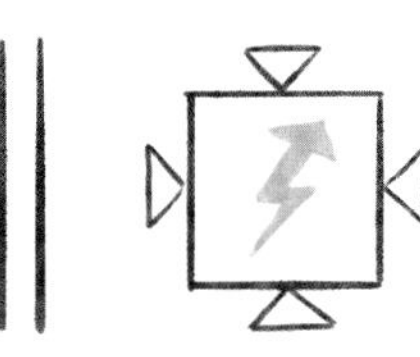

此外，我们注意到**磁场的散度总是为零**。这说明“磁荷”是不存在的。

通过在线圈附近晃动磁铁，可以产生与其运动幅度成比例的电流。这表明**磁场的变化和电场的旋度之间存在比例性的联系**。这里的比例系数“？”非常令人惊讶。你马上就知道了！

这些公式最早由麦克斯韦编写。然而，这种向量分析的语言存在一个明显的语法错误……事实上，在这种语言中，**一个“旋度”的“散度”值总是等于 0。**

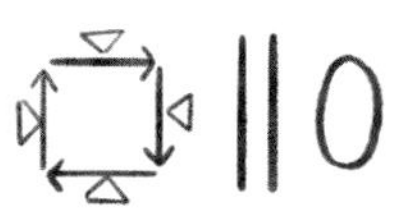

因此，第一个方程告诉我们，离开的电子与进入的电子总是数量相同，这是错误的！

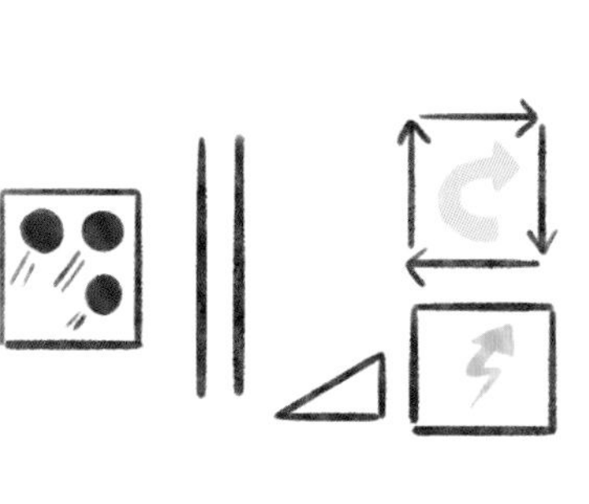

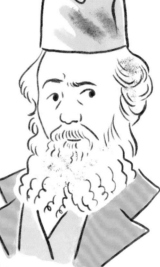

麦克斯韦略微变换公式，纠正了这一点。

这样我们便得到……

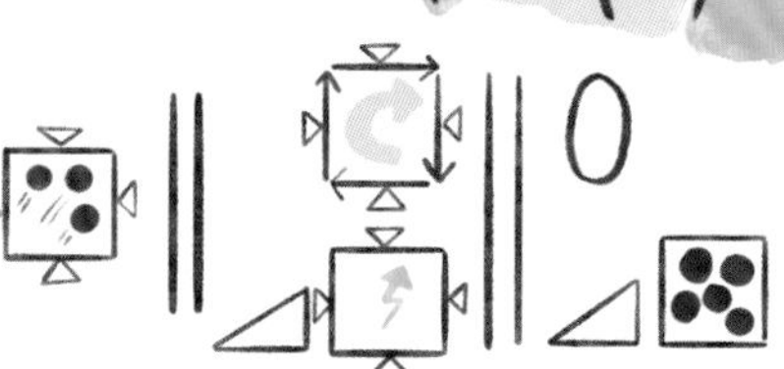

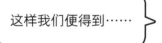

进出的电子数量与电子数量的变化量相关，这符合实际情况！

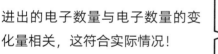

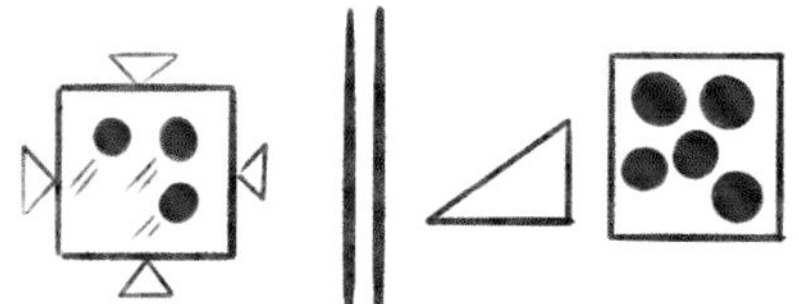

他就这样发明了**“麦克斯韦方程组”**！物理学家的书写方式更复杂，但含义是一样的：

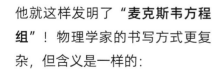

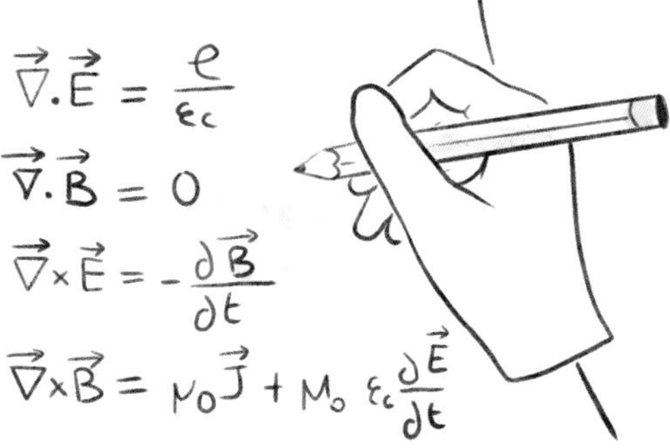

但麦克斯韦没有料到他在修正方程后会发现什么。用向量分析的语言来讲，他的方程表明电磁场的移动速度等于奇异常数。

在测量这个常数的过程中，麦克斯韦偶然得到一个巨大的惊喜……光速！他在 1864 年推断出**光是一种电磁波**，这是科学史上的首创。我们要感谢麦克斯韦为我们带来光明！

我用了“**波**”这个词。这个概念也许模糊，但是，它并不复杂……

波是一种在空间中移动的扰动，例如水面的波纹。或者在我说话时，声波使你听到我的声音；这是一种单位体积的空气物质球的扰动。

电磁波是一种电场和磁场的扰动！

1886 年至 1888 年间，德国物理学家海因里希・赫兹发现了它。他随后证明电磁波的速度与光相同，验证了麦克斯韦的理论。赫兹的名字被用作频率的单位：赫兹（Hz），1Hz 表示每秒有 1 个扰动。

如今，现代物理学认为光是电磁波谱的可见部分。不同频率的扰动会传播不同的波，而不同的电磁波具有不同的性质。

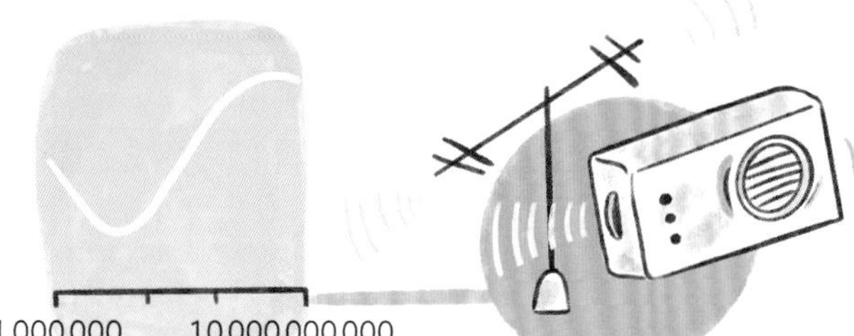


无线电波是频率在 10KHz 至 30GHz 之间的电磁波。

此外，可见光具有更高的频率，介于 $4.2 \times 10^{14}$Hz 和 $7.8 \times 10^{14}$Hz 之间！

波长是两个扰动之间的距离，无线电波的波长在 1 毫米到 100 千米之间，可见光的波长在 390 纳米到 780 纳米之间。

1毫米/100千米
390纳米/780纳米

总之，麦克斯韦不仅用强有力的方式统一了电与磁，还解释了光的本质！这太伟大了，令科学界为之震撼！

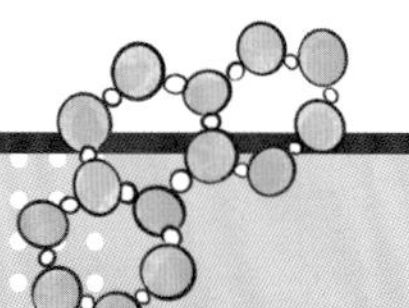

你现在几乎知道一切有关电的知识了！
我想你已经理解了这些概念，虽然还没有弄清所有的计算细节。嗯，这已经足够了。最重要的事是明白数学是一种可以精确描述物理现象甚至做出预测的语言！
提到预测，让我们回家之前看看天气预报说了些什么。
哎呀！你一直在忍吗？不好意思……厕所里没人！

你注意到了吗？厕所和天气预报有相似之处！你看，当我们冲洗马桶时，水的运动似乎与卫星图像的反气旋运动相当……事实上，无论是液体还是气体，流体都遵循相同的物理定律。

例如，在立方体中，流体质量的变化等于进入立方体的流体量。可以借助斜率的概念，用数学语言描述这一现象。物理学家将其写作：

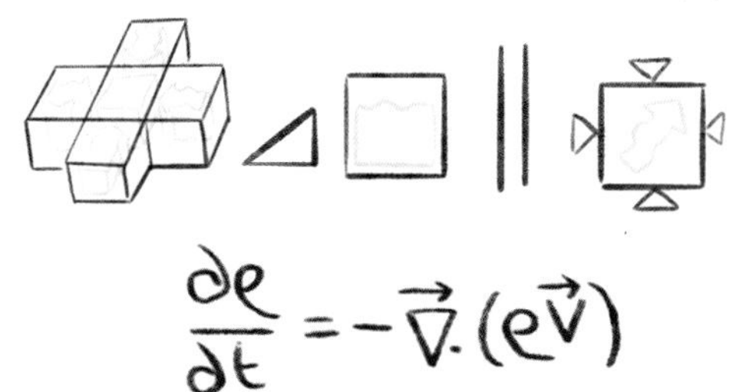

$$\frac{\partial \rho}{\partial t} = -\vec{\nabla} \cdot (\rho \vec{v})$$

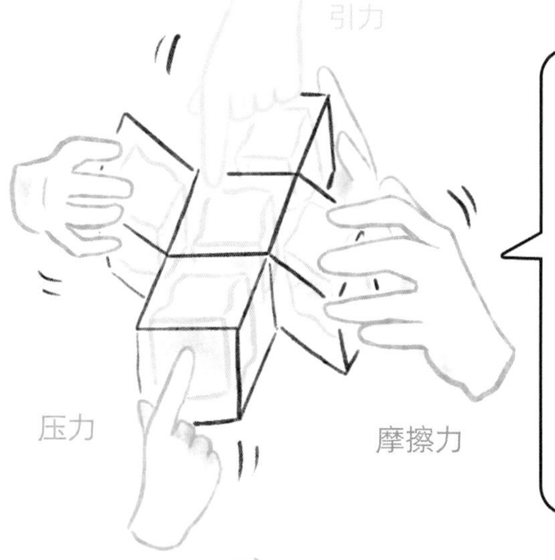


流体在立方体中的加速方式取决于三种类型的力：引力，向下拉扯物质；来自相邻立方体的压力，推开立方体中的物质；来自相邻立方体的摩擦力。我们在这里用到了牛顿定律“**力 = 质量 × 加速度**”。但是，在向量分析的语言中，它写起来是不同的！物理学家的书写方式有点复杂……

$$-\vec{\nabla} p + \vec{\nabla} \cdot \Sigma + \rho \vec{g} = \frac{\partial (\rho \vec{v})}{\partial t} + \vec{\nabla}(\rho \vec{v} \vec{v})$$

**力** = **质量×加速度**

这些方程可以非常精确地描述流体的流动。

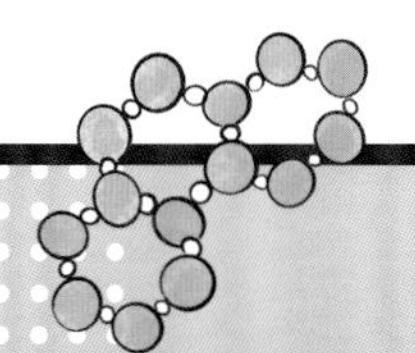

为此，我们要感谢 19 世纪初的法国工程师克劳德 - 亨利·纳维和英国物理学家乔治·加布里埃尔·斯托克斯。这些方程以他们的名字命名：**纳维 - 斯托克斯方程**。

这些方程使用了数学中的向量分析。事实上，这是一门数学方言，源自牛顿为计算斜率而创建的数学语言。我们前面提到了斜率代表时间的变化，但对于向量场而言，我们更关注空间的变化，后者的计算方式与牛顿计算斜率的方式相同。基本上，这个过程就是在无限小的立方体中对箭头进行计算……

这个方法还可以用来描述流体的运动，这也是最初创建向量分析的目的。之后我们会发现，它还能描述许多其他东西，例如电磁！

$$\frac{\partial e}{\partial t} = -\vec{\nabla}\cdot(e\vec{v})$$

$$-\vec{\nabla}p + \vec{\nabla}\cdot\Sigma + e\vec{g} = \frac{\partial(e\vec{v})}{\partial t} + \vec{\nabla}(e\vec{v}\vec{v})$$

$$\frac{\partial(eE)}{\partial t} + \vec{\nabla}\cdot(eE\vec{v}) = \vec{\nabla}\cdot(P\cdot\vec{v}) + e\vec{g}\cdot\vec{v} + \vec{\nabla}\cdot\vec{q}$$

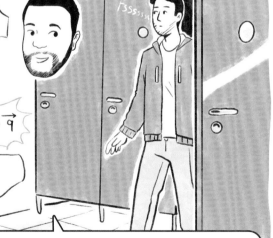

哦，是的！我们忘了讲第三个方程……它展示了物质球的扰动方式。物理学家将其称为“能量守恒”。

为了理解这一点，让我们仔细观察流体的运动。这个原理对液体和气体都适用。我们看到无序的运动，这表示其中有热运动；我们看到整体的运动，这表示流体具有速度。

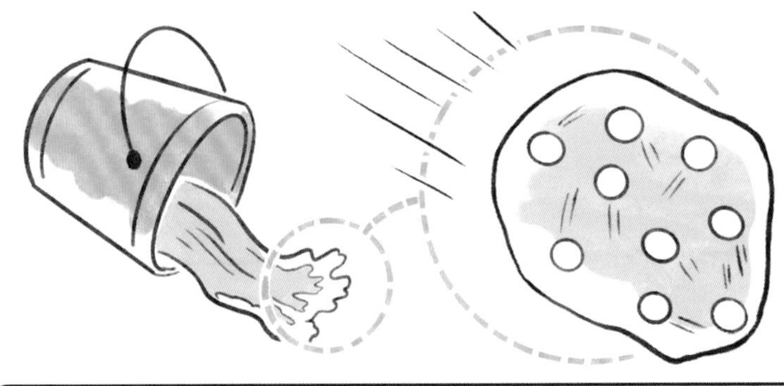

你可以通过在手上吹气来体会这一点。你在收紧嘴唇时吹出的气体比张开嘴呼出的气体更冷。

“能量守恒”是一种数学表达方法。可以说，在这两种情况下，物质球的热运动相同。因此，如果气体流动得更快，那么热运动更弱，气体更冷！

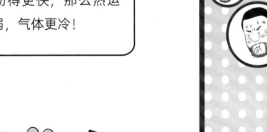

例如，流体从斜坡下落后的热运动强于最开始时的热运动。纳维 - 斯托克斯方程用向量分析解释了这种现象。多亏了这些方程，我们才能计算大气的运动并预测天气！

但是这些方程的求解极为复杂，我们不得不用非常强大的计算机，即“超级计算机”才能进行运算。

我们真的别无选择。如果用普通计算机做计算，至少要花费一周才能知道明天的天气……

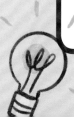

使用这个方程，我们还可以计算出空气是如何流入飞机发动机的。
冷空气进入发动机，被高温加热，然后逃逸到后部。部分热运动转化为整体运动，从而使大量的热空气全速推动飞机！
我希望你现在对这一切有了更清楚的了解。这样的话，我有一个小问题要问你。
如果你收紧嘴唇用力吹这些纸，会发生什么？
答案A：什么都没发生
答案B：它们上升
答案C：它们下降
第十四章
天气预报的秘密：流体

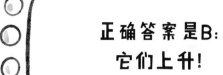

**正确答案是B：**
**它们上升！**

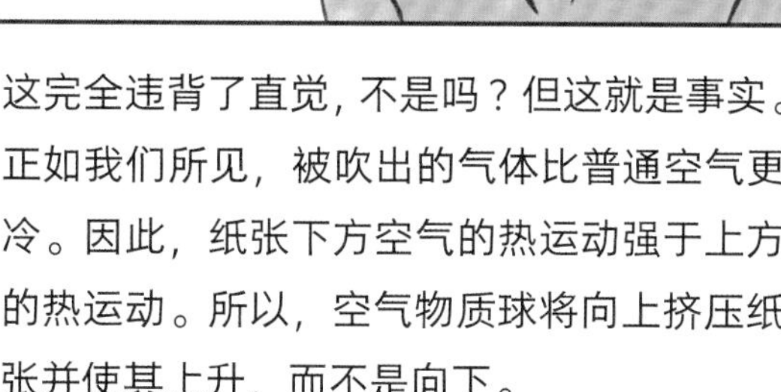

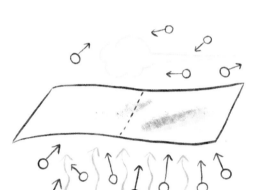

这完全违背了直觉，不是吗？但这就是事实。正如我们所见，被吹出的气体比普通空气更冷。因此，纸张下方空气的热运动强于上方的热运动。所以，空气物质球将向上挤压纸张并使其上升，而不是向下。

飞机机翼正是基于这一原理工作的。机翼的一面凸起，当它前进时，上方的空气比下方的空气流得更快，从而产生吸力，就像在纸张上方吹气。这种现象被称为“升力”，可以精确地被纳维-斯托克斯方程计算出来！

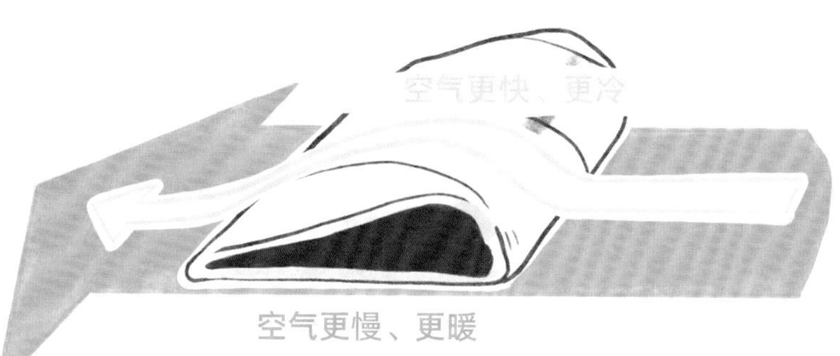

好了，我希望你很享受今天我们的二人世界！
我们一起见证了日常生活中大多数物体的运作方式及其背后的数学原理。我希望你现在对它们有了全新的认识！
路上当心。走山路要格外小心。
这是我的计算机程序在提醒你，因为你很容易被手机分散注意力！

你开启 GPS* 了吗？我们可以趁机讨论它背后的数学知识！

原理很简单。卫星通过天线发送信息，其内容是该信息发送的时间。

17:00

GPS 读取此信息并查看信息接收的时间，算出信息花了多长时间到达。当这条信息以光速传播时，GPS 可以计算出它与卫星之间的距离！通过计算 GPS 与几颗不同卫星之间的距离，就能够在地图上将其定位。这是几何学。

*GPS，即全球定位系统。

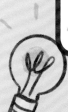

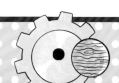

然而，GPS 时钟和卫星时钟可能不同步。
事实上，时钟的节奏是一样的，因为……卫星上的时间与地球上的时间流动速度不同。很奇怪，不是吗？这种现象被称为**“相对论”**。
若要消除时钟之间的差异，需要借助描述这种现象的数学公式。但首先，你必须理解这个现象。

前面提到，麦克斯韦方程组很好地描述了电力和磁力。但是……**人们发现方程式中仍然存在矛盾**。通常情况下，静止或运动状态的计算结果应该相同。
=
但是，人们在进行数学计算时，发现事情并非如此！
≠
19 世纪末，荷兰物理学家亨德里克·洛伦兹用新的数学公式补充了麦克斯韦方程组并纠正了这一矛盾。他表示，若想得到相同的计算结果，运动状态下的时间必须以不同的速度流逝……

他给出了这个奇怪的公式：

$$(t'/t)^2 = 1-(v/c)^2$$

(运动的时钟时间/静止的时钟时间)$^2$ =1 - (速度 / 光速)$^2$

这个公式有点令人生畏，其中 t 表示静止的时钟时间，t' 表示运动的时钟以 “v” 的速度走动时的时间。字母 “c” 代表光速。

洛伦兹觉得这很荒谬。即使用数学方法修补了这个问题，也并不意味它的解释是正确的。但是，一位名叫阿尔伯特 · 爱因斯坦的年轻德国物理学家却发现了一条隐藏信息：

$(t'/t)^2 = 1-(v/c)^2$

“光速对所有观察者来说都是相同的。”

这意味着，如果你在运动，无论速度多快，灯光的光速总是不变。谁来观测它并不重要！

爱因斯坦指出，要做到这一点，**时间必须取决于你的运动速度。**

为了证明这一点，爱因斯坦设想了以下实验：用镜子反射光线，构建一个时钟。光的反射触发了时钟的滴答声。

静止的时钟

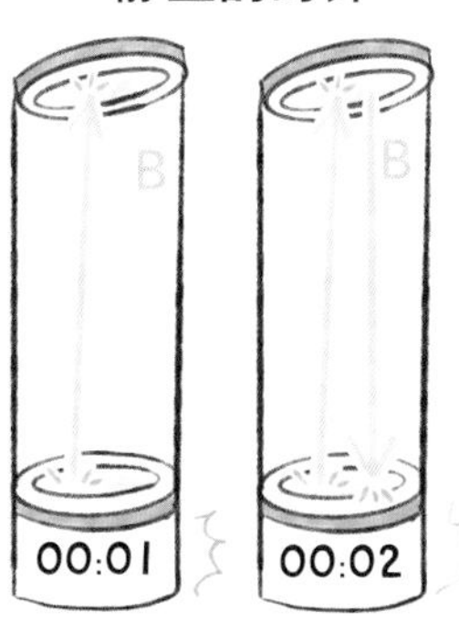


运动的时钟

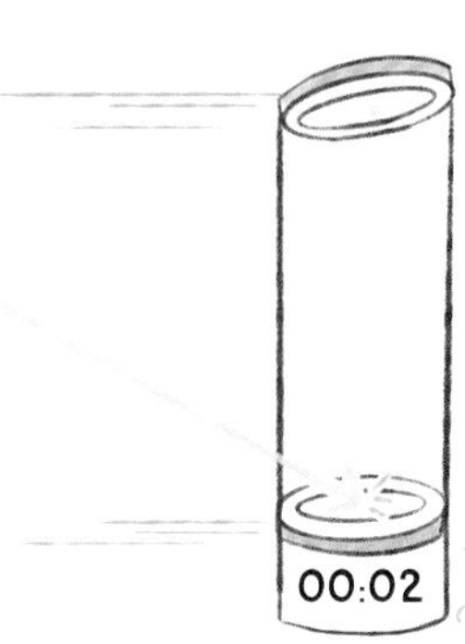


一个静止的时钟不会产生与一个运动的时钟相同的时间，因此光必须走更远的路。因此，运动的时钟的时间过得没那么快！

例如，如果路径 C 是路径 B 的两倍长，则运动的时钟显示的时间是静止的时钟的两倍！两个时钟的时间比是：

$$B/C = 1/2$$

爱因斯坦踏上了寻找 B/C 的数学公式的旅程。

数学·宇宙的语言

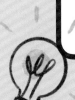

在这个过程中，他注意到运动的时钟的光形成了一个直角三角形，他想起了中学时学到的勾股定理：

$$A^2 + B^2 = C^2$$

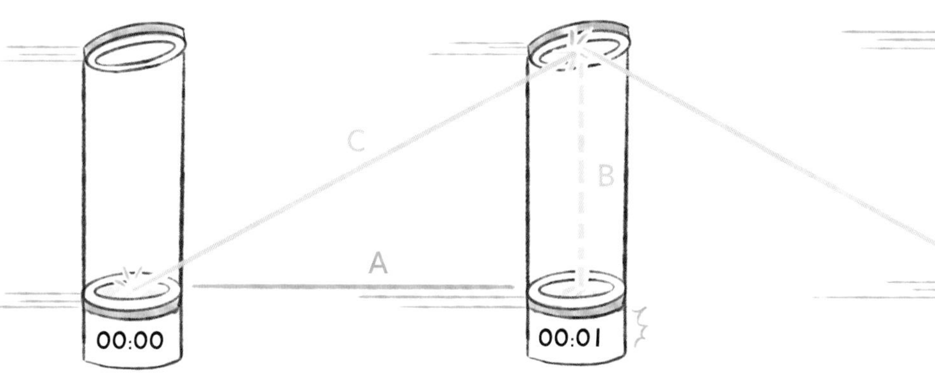


他删除了等号两边的 $A^2$，这和我们在学校学到的一样（感谢花拉子米发明这种方法）：

$$B^2 = C^2 - A^2$$

随后，在两边同时除以 $C^2$：

$$B^2/C^2 = C^2/C^2 - A^2/C^2$$

得到他正在寻找的 B/C 的平方：

$$(B/C)^2 = 1 - (A/C)^2$$

B/C 是两个时钟的时间比。A/C 是时钟速度和光速之比，因为 A 和 C 与这些速度成正比。就是这样！爱因斯坦重新发现了洛伦兹奇怪的数学公式，他解释称光速对所有观察者来说都是一样的！

$$时间比^2 = 1 - (时钟速度/光速)^2$$



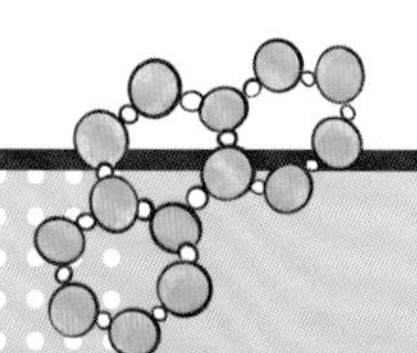

实际上，如果运动速度与光速相比非常小，这种现象是很难察觉的。在汽车里，我们的手表似乎没有减速……

但是 GPS 卫星的时速为 14000 千米 / 小时！在这种速度下，相对论效应开始变得明显，足以干扰 GPS。因此，GPS 必须考虑到这种现象，并使用我们已知的数学公式校正卫星时钟的时间。

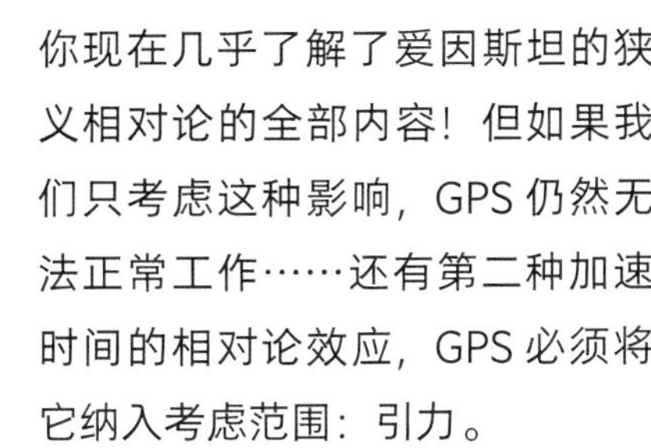

你现在几乎了解了爱因斯坦的狭义相对论的全部内容！但如果我们只考虑这种影响，GPS 仍然无法正常工作……还有第二种加速时间的相对论效应，GPS 必须将它纳入考虑范围：引力。

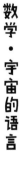

"时间在地球表面流逝比在太空中慢。"

这个说法仍是阿尔伯特·爱因斯坦提出的，这是他的**广义相对论**！

这一切都始于一个思维实验：他想象自己在真空中坠落。他没有试图用数学公式描述他的坠落，而是直接想象当他下落时，闭上眼睛会有什么感觉。

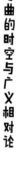

他注意到，这与他在不受外力的情况下、以相同的速度直线前进，感觉是一样的。

好吧，你必须是爱因斯坦才能得出这个结论：**以自由落体坠落的速度与在……弯曲的时空中做直线运动的速度相同！**

他大概是摔到了脑袋才想出这样的事情！幸运的是，这只是他的想象……但这具体意味着什么呢？

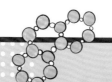

对于牛顿来说，台球坠落是因为它被地球吸引。

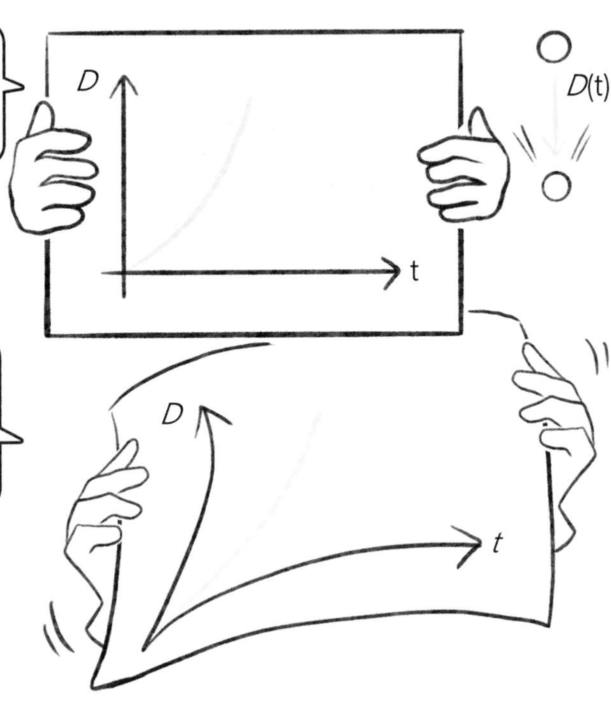


对于爱因斯坦来说，台球只是在弯曲的时空中沿着一条直线运动而已。



时空只是一条新加入的时间轴。

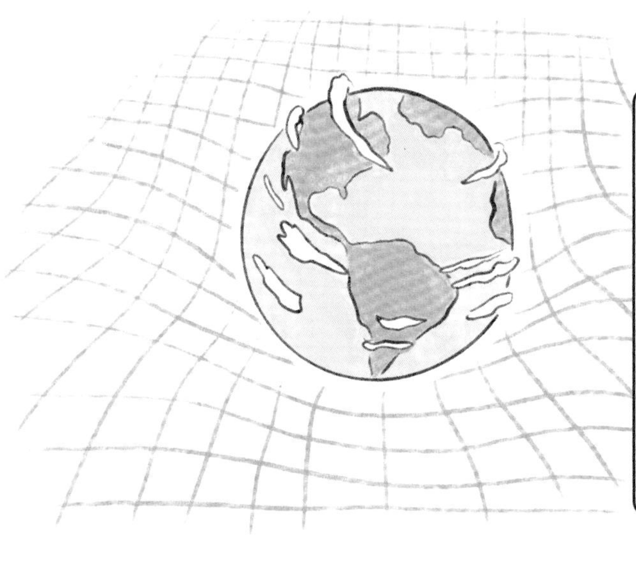

用四维来表示时空曲率并不容易——时间是第四维。围绕太阳旋转的行星就适用于这个理论。对于爱因斯坦来说，在弯曲的时空中，可以将行星的运动轨迹想象成一条螺旋线，这条螺旋线实际上是被太阳弯曲的时空中的直线。

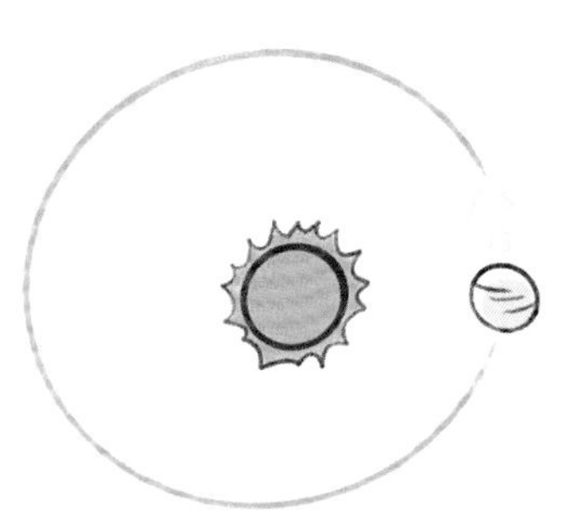

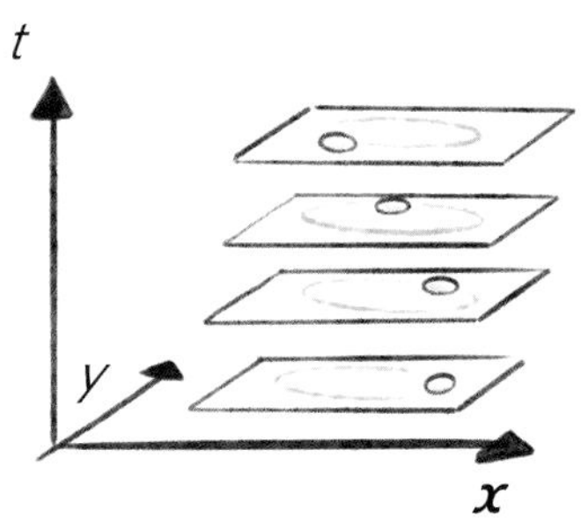


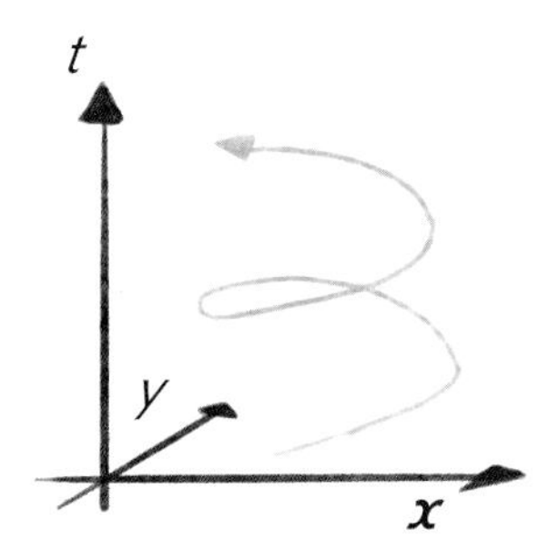

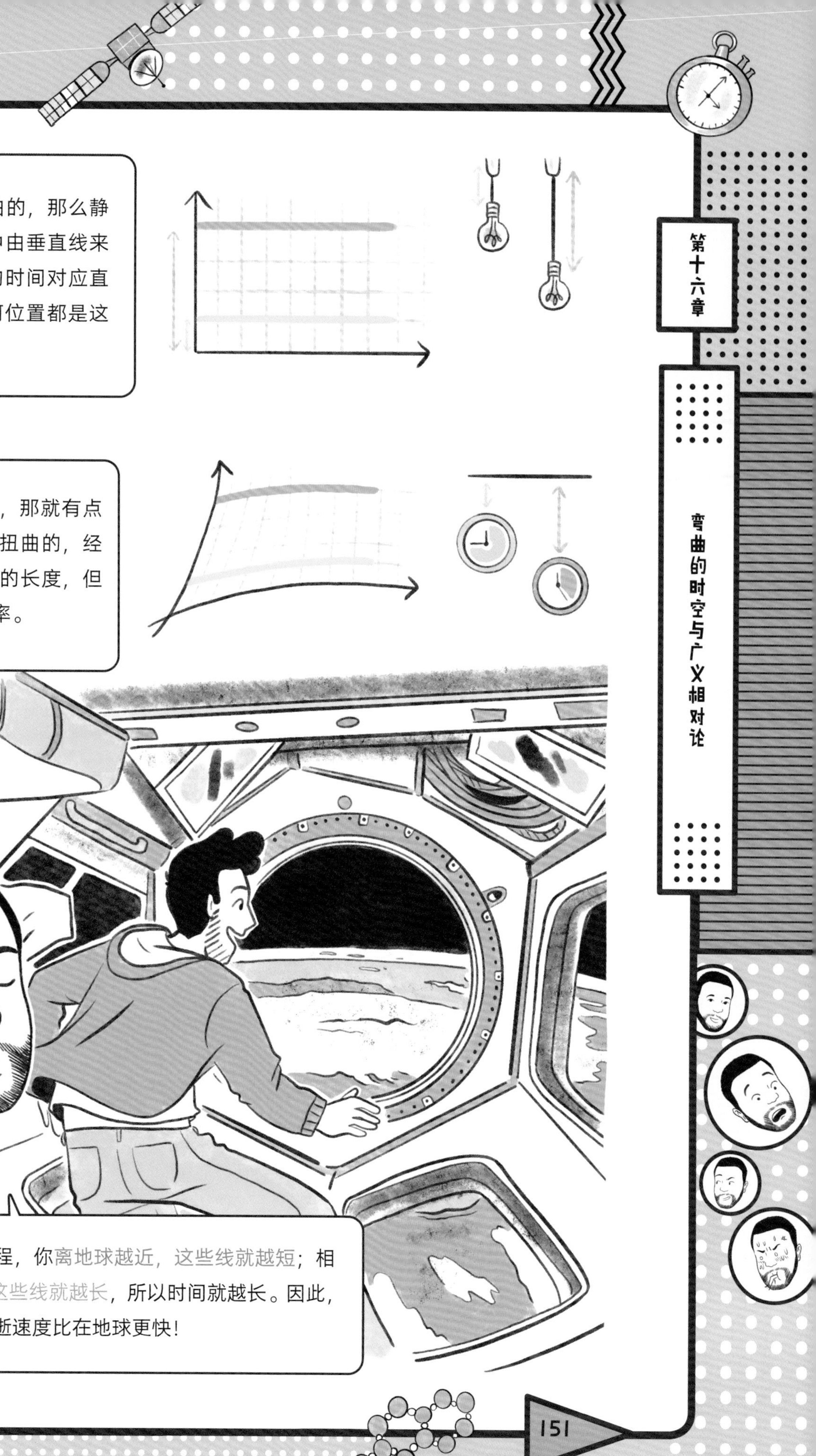

如果时空不是弯曲的，那么静止的物体在时空中由垂直线来描绘。物体经过的时间对应直线的长度，在任何位置都是这个原理。
如果时空是弯曲的，那就有点不同了。这些线是扭曲的，经过的时间仍然是线的长度，但这取决于时空的曲率。
根据爱因斯坦的方程，你离地球越近，这些线就越短；相反，离地球越远，这些线就越长，所以时间就越长。因此，时间在太空中的流逝速度比在地球更快！

这意味着你的头比你的脚衰老得更快！所以“愚蠢得像用脚指头思考”的谚语是没有道理的。
借助爱因斯坦的广义相对论方程，我们可以非常精确地计算出时间在太空和地球的流动方式。这个方程是现代物理学的真正瑰宝：

$$R_{\mu\nu} - 1/2\ g_{\mu\nu} R = 8\pi G/c^4\ T_{\mu\nu}$$

物理学家将其简化为：

$$G_{\mu\nu} = kT_{\mu\nu}$$

计算表明，这种现象非常微弱，但足以扰乱 GPS。多亏这个方程，我们才能纠正卫星的时间，使 GPS 更好地工作！然而，爱因斯坦得到这个数学公式的方法简直令人难以置信。

举个例子，让我们想象一下，两个人同时开车上路。

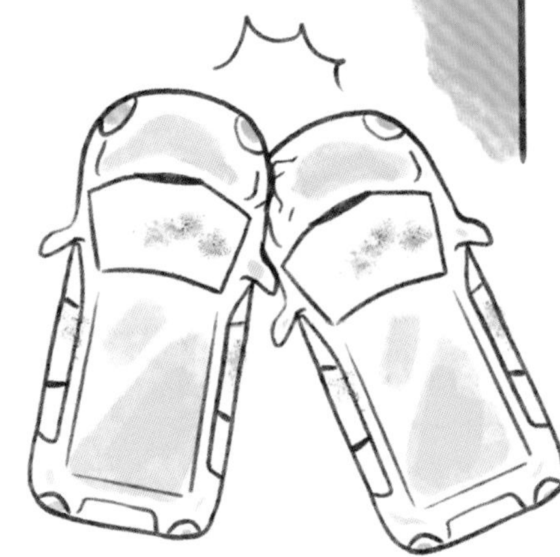

很不幸，他们都误认为自己在直行，最终相撞了……但发生了什么呢？当然，如果他们真的在直行，就不会发生这种情况了。

一定是风把他们拉得更近了……

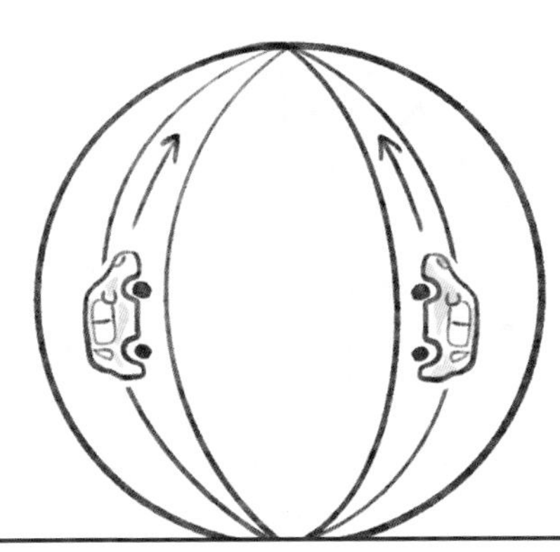

或者他们在不知情的情况下在球形表面上行驶……

事实上，曲率与力具有相同的效果！这就是阿尔伯特·爱因斯坦的观点，也是他的理论基础。他将引力描述为时空的曲率，而不是一种力！爱因斯坦全力以赴地寻找**时空曲率的公式**，结果与牛顿将引力描述为力的理论类似。

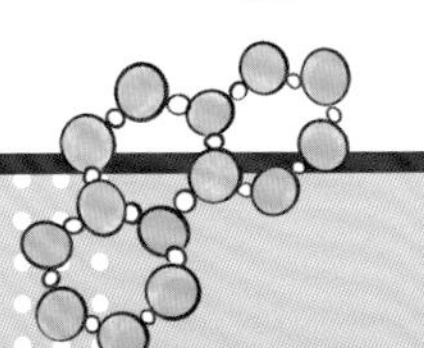

数学是一种有很多“方言”的语言。为了描述流体，人们使用“向量分析”的数学“方言”，这源自牛顿创造的数学语言。但它没有考虑到时间在不同速度下流逝方式不同的事实……为了纠正这一点，人们采用一种叫作“张量微积分”的新方言。

选择语言

张量

向量

线性

自旋

我们没有时间学习这个方言了，你只要了解下面这些内容就足够。这就像学习用一门新的语言说“你好”！

在这种方言中，“力 = 质量 × 加速度”被说成：

“力是代表着物质的分布和速度的向量场的散度。”

你会发现它比不规则动词更容易学习！

力= 8

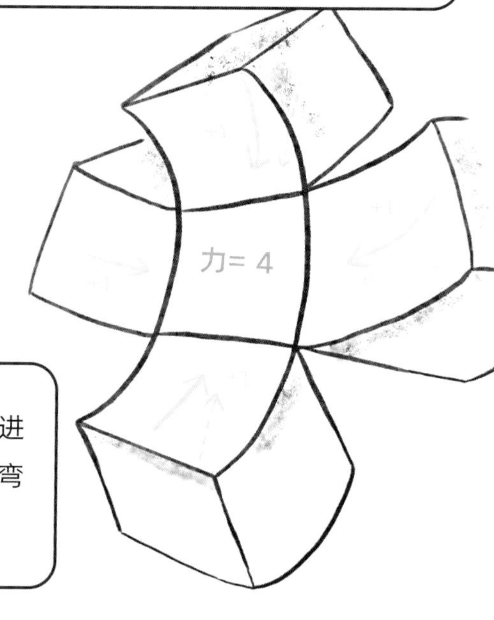


请注意，这里提到了向量场的散度的概念，它表示“进入的箭头和离开的箭头之间的差”。但如果空间是弯曲的，我们就得不到同样的结果：力是不同的！

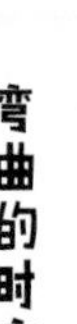


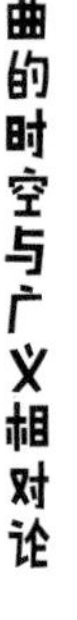


物理学家称这个向量场为“Tμν”。可以这么想，它好比一种流入时空的流体。

这有点抽象，很少有人能理解，但这是爱因斯坦广义相对论的基本原理……即使对物理学家来说，这也只是一套复杂的数学公式。传说中只有三个人真正理解这个理论：爱因斯坦、天体物理学家亚瑟·爱丁顿……至今还未出现的第三个人。所以，如果你理解了这个理论，你将成为少数精英之一！

在这种数学方言中，原理是通过特定方式弯曲空间，可以使散度为零。那么，对于此曲率，力将为零。因此，物质的运动不取决于力，而取决于爱因斯坦用来描述引力的曲率效应！

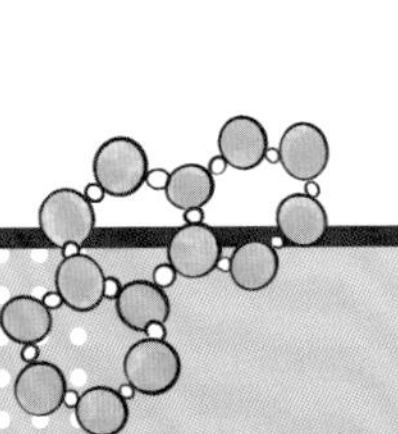

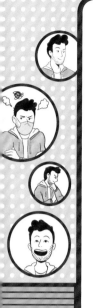

要想把它写出来，就要用数学方法研究弯曲的空间，也就是说，又需要一种新的方言……幸运的是，19 世纪的德国数学家伯恩哈德·黎曼已经创造了一种方言。他的数学方言以他的名字命名——“黎曼几何”。

例如，请看这张地图。这两点之间的距离是多少？

小心！因为我们在山区，所以有很多起伏的地形！必须考虑这一点才能确定距离。地图上的网格正方形实际上被地貌扭曲了。

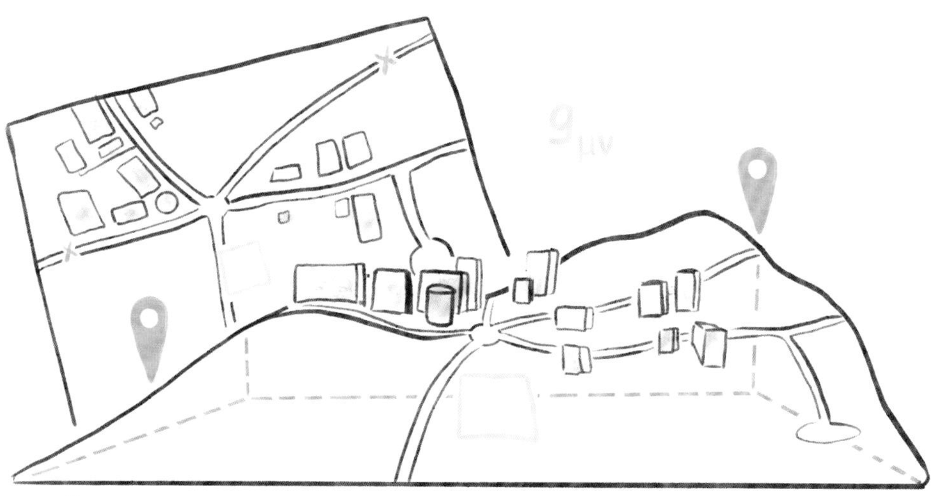


伯恩哈德·黎曼将网格的扭曲称为“度规”，用符号“$g_{\mu\nu}$”表示。爱因斯坦的做法是得到与他正在寻找的特殊曲率相对应的度规。

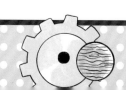

为此，他发现了一个仅依赖于度规且散度为零的向量场。这是爱因斯坦的张量“$G_{\mu\nu}$”！

接下来，他只需要说“$G_{\mu\nu}$ 与代表物质的分布和运动状况的 $T_{\mu\nu}$ 成正比”就行了！

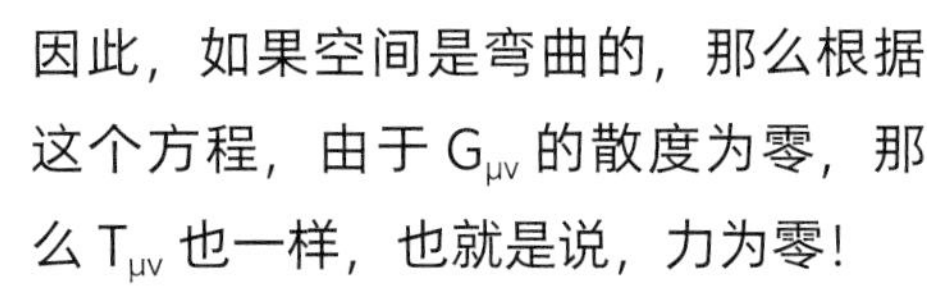


因此，如果空间是弯曲的，那么根据这个方程，由于 $G_{\mu\nu}$ 的散度为零，那么 $T_{\mu\nu}$ 也一样，也就是说，力为零！

你刚刚已经理解了广义相对论！是的，是的，我向你保证！

你必须用四维空间想象这一切，当然，我不会强迫你表演这个杂技。剩下的内容，就只是黎曼几何方言中的一些语义细节了。

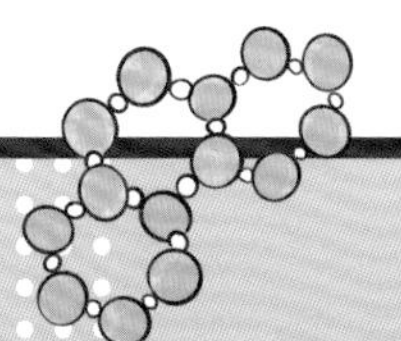

现在，你将借助……你的胳膊来理解人们是如何分辨一个空间是否弯曲的！将手水平放在面前，手掌朝下。水平移动它，朝胸部移动四分之一圆周。垂直立直。最后，将手臂放回初始位置，在这个过程中不要转动手掌。

你会发现你的手转了四分之一圈。很奇怪吧？因为你的手掌的移动轨迹是一个弯曲的空间！

伯恩哈德·黎曼认为，如果你在不转动身体的情况下沿环形路线移动，随后发现你离开了初始位置，那么空间是弯曲的！

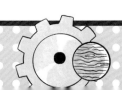

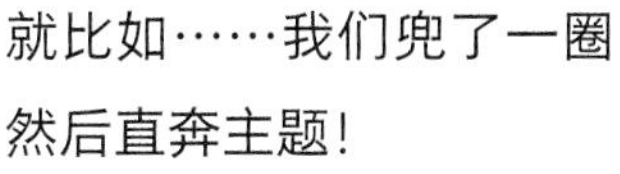

黎曼用数学语言描述了这个概念。他通过计算得出一个数学公式，用来描述手的运动方向。这就是“黎曼曲率张量”，记作 $R_{\sigma\mu\nu k}$。你只需知道这个表达来自他的数学方言即可！爱因斯坦在这个公式的基础上用黎曼的数学方言推导出了 $G_{\mu\nu}$:

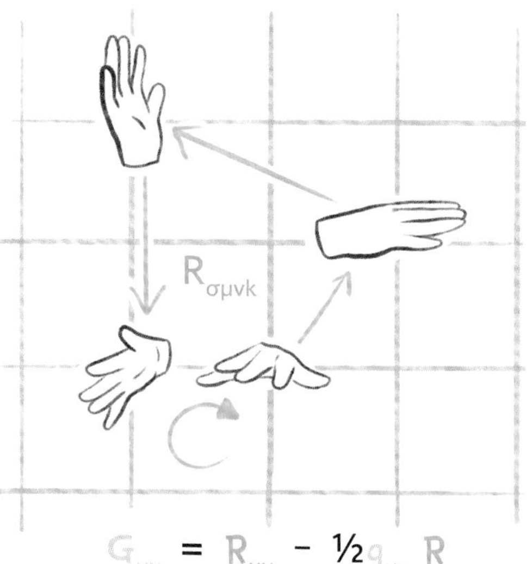


$$G_{\mu\nu} = R_{\mu\nu} - \frac{1}{2}g_{\mu\nu}R$$

$R_{\mu\nu}$和R是两个新词汇。它们之于“黎曼曲率张量”相当于“小型卡车”之于“卡车”。

爱因斯坦广义相对论的方程写作：$R_{\mu\nu} - \frac{1}{2}g_{\mu\nu}R = kT_{\mu\nu}$

为了使计算结果符合牛顿的理论，他需要校准比例常数。

$$R_{\mu\nu} - \frac{1}{2}g_{\mu\nu}R = 8\pi G/c^4 T_{\mu\nu}$$

经过八年的钻研，**爱因斯坦的广义相对论方程**问世了！显然，当你知道答案，如今这些事做起来并不难……多亏了这个公式，我们得以推断空间中时间的流逝情况，否则就无法使用 GPS！

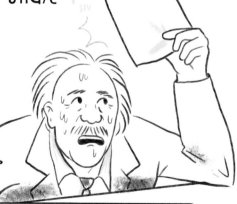

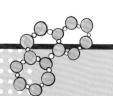

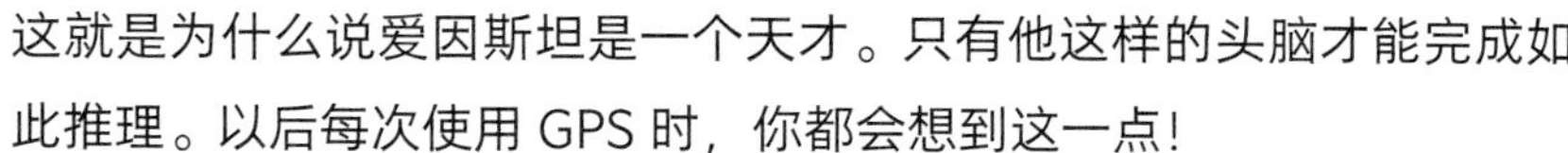

这就是为什么说爱因斯坦是一个天才。只有他这样的头脑才能完成如此推理。以后每次使用 GPS 时，你都会想到这一点！

注意看路！！！
SCRiiiiiii!
在开车时不要看手机……我早就提醒过你了！
嘿！看看这些轮胎的轨迹……难怪有这么多噪音！
还好没有撞坏什么。哟……你快看！
数学·宇宙的语言

后面那辆车比我们的车大两倍，它的制动距离也是我们的两倍。
我们的驾驶速度是右边那辆车的两倍，我们刚才正试图超过它。而我们的制动距离是它的四倍。
因此，制动距离与车子的质量和速度的平方成正比。质量乘以速度的平方，就是所谓的**“动能”**。
*
这是一些台球碰撞的照片。我们注意到，球的动能之和在每幅图中总是相同。
1
3
2
= 6
2
2
2
= 6
4
1
1
= 6

*以上的比例关系没有加常数！

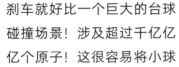

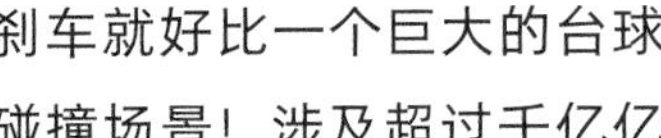

剎车就好比一个巨大的台球碰撞场景！涉及超过千亿亿亿个原子！这很容易将小球撞飞！

我们看到，汽车和道路都是固体，它们的物质球在温度的作用下相互连接并震荡。当汽车制动前行时，它会碰撞空气小球并赋予它们动能。

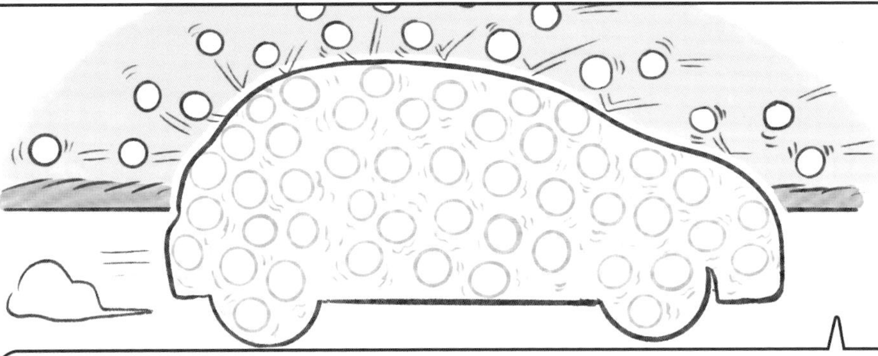

此外，车轮与道路摩擦，这会进一步振动它们的物质球，导致温度升高。整个过程中的动能保持不变。

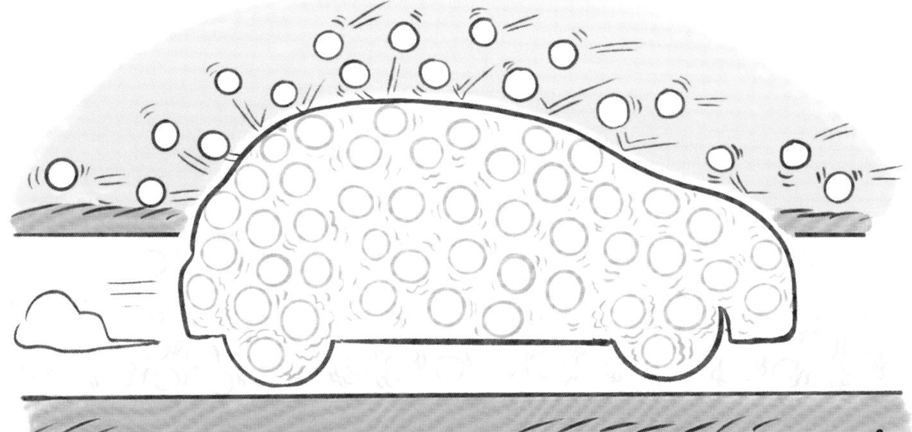

汽车运动的动能转化为空气小球的运动以及公路小球和车轮小球的热运动！

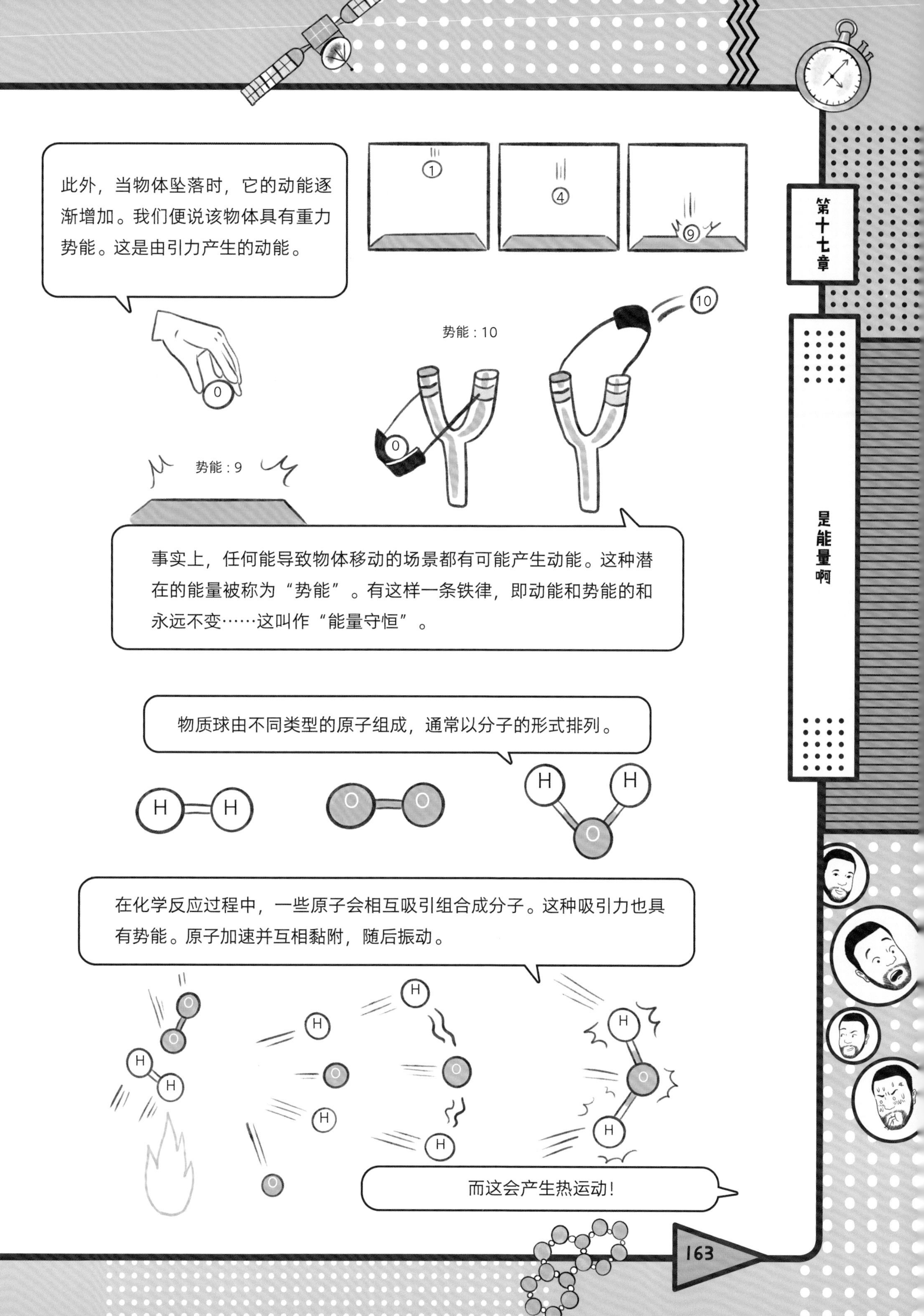
此外，当物体坠落时，它的动能逐渐增加。我们便说该物体具有重力势能。这是由引力产生的动能。
①
④
⑨
0
势能：10
⑩
0
势能：9
事实上，任何能导致物体移动的场景都有可能产生动能。这种潜在的能量被称为“势能”。有这样一条铁律，即动能和势能的和永远不变……这叫作“能量守恒”。
物质球由不同类型的原子组成，通常以分子的形式排列。
H H
O O
H H O
在化学反应过程中，一些原子会相互吸引组合成分子。这种吸引力也具有势能。原子加速并互相黏附，随后振动。
而这会产生热运动！
第十七章
是能量啊

原子的振动是一种热运动，类似于吸引力的势能。

分子的势能是一种化学能。例如，发动机燃烧的是汽油的能量……

不要将其与核能混淆。核能是构成原子核的物质的势能，它比化学能大得多！

爱因斯坦发现这里的势能与物体的质量有关。你当然知道这个将质量和能量联系在一起的公式：

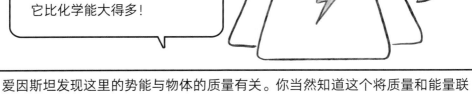

物质的能量 = 质量 x 光速的平方

下面这个公式更加有名：

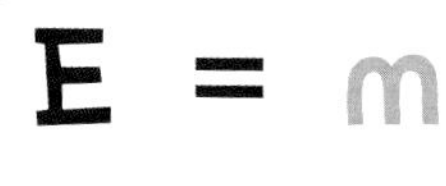

我们逃过一劫！还好没有造成伤害。在被打断之前，我说到哪儿了？哦，是的！系好安全带，接下来的内容会弄乱你的发型！

我们发现，科学家对引力的描述已经发生了两次变化。牛顿将其描述为一种力，并给出一个优雅的数学公式，超越了他那个时代的科学。

随后，爱因斯坦修正了这一观点，将引力描述为时空的曲率，这就是我们之前所讨论的内容。

会不会两者都有道理呢？如果引力是一种能够弯曲时空的力呢？这意味着作为一种力，引力可以通过一种尚未被发现的机制改变时空的度量。

这个想法很棒，对不对？听我说，这不是异想天开。它来自……**一条隐藏在爱因斯坦的公式中的信息。**

* 此页部分内容可参考链接中作者发表的论文
https://www.researchgate.net/publication/343207988_Disruptive_Gravity_A_Quantizable_Alternative_to_General_Relativity

爱因斯坦的方程可以计算出地球引力是如何使空间弯曲的。

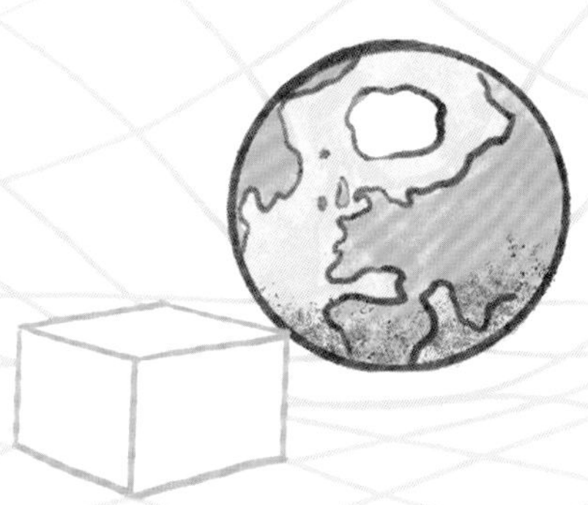

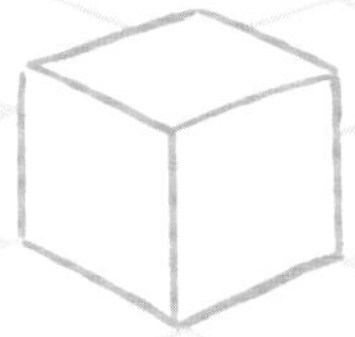

地球竟然可以做出这种事，听起来真是不可思议……具体地说，这意味着如果在远离地球的位置有一个边长为一米的立方体，那么当它靠近地球时，立方体的大小将变得不同！事实上，立方体离地球越近，它的边长会越长！

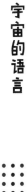

这太疯狂了，好比用脑袋走路！不过……还是不要这么做，因为根据上面的理论，你可能会让脑袋变大。这种现象非常不明显，我们很难在日常生活中观察到。

使用爱因斯坦的公式可以计算出立方体的新尺寸。

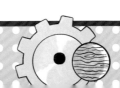

我们生活在一个完全违反直觉的世界里……即便如此，惊喜还不只这些！

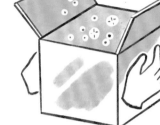

人们发现，真空……从来不是空的。不断会有粒子出现和消失，这就是“量子真空涨落”。

立方体中的粒子具有质量能和势能。立方体离地球越近，它的边长就越长，粒子的势能就越小。因此，变形后的立方体包含更多的粒子，但它们的总能量较低。

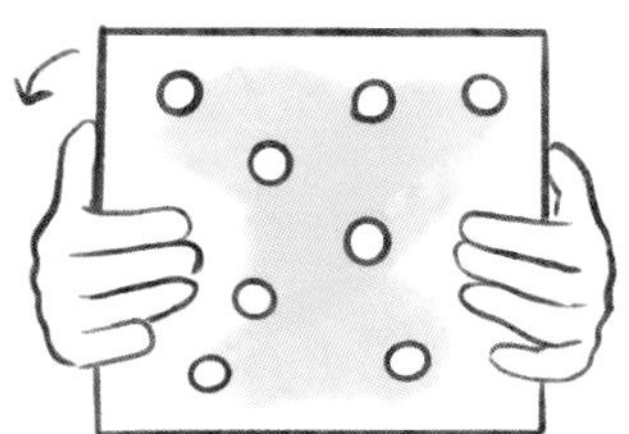

质量越小，
势能越大。

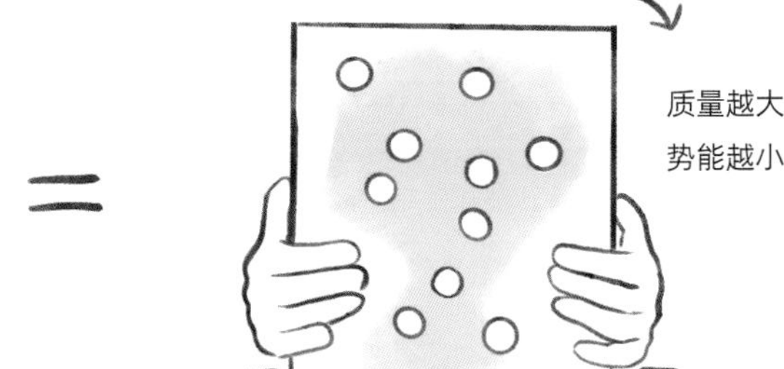

质量越大，
势能越小。

使用爱因斯坦的公式进行计算时，我们发现总能量是不变的！这是爱因斯坦公式的隐藏信息：

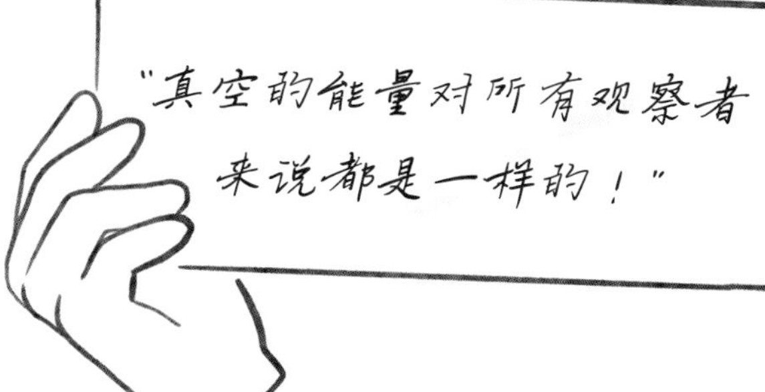

* 此页部分内容可参考链接中作者发表的论文
https://www.researchgate.net/publication/343207988_Disruptive_Gravity_A_Quantizable_Alternative_to_General_Relativity

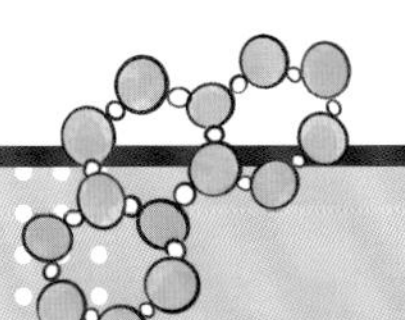

这实在是一个惊喜！得到这一结论的计算过程漫长而复杂。在所有可能的结果中，我们最终得到一条类似于光速不变原理的信息……多巧合啊！

这条隐藏的信息使人们得以将引力描述为**一种能够使时空弯曲的力**，而不仅仅是时空的曲率。

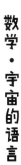

这是一种范式转变，其性质类似于从牛顿到爱因斯坦的观念变迁。因此，这也许是一场科学革命的开始，谁知道呢？

由于这是最近才发表的新理论 *，知道的人不多。如果你是物理学家，我建议你去了解一下！

* 此处提到的新理论可参考链接中作者发表的论文
https://www.researchgate.net/publication/343207988_Disruptive_Gravity_A_Quantizable_Alternative_to_General_Relativity

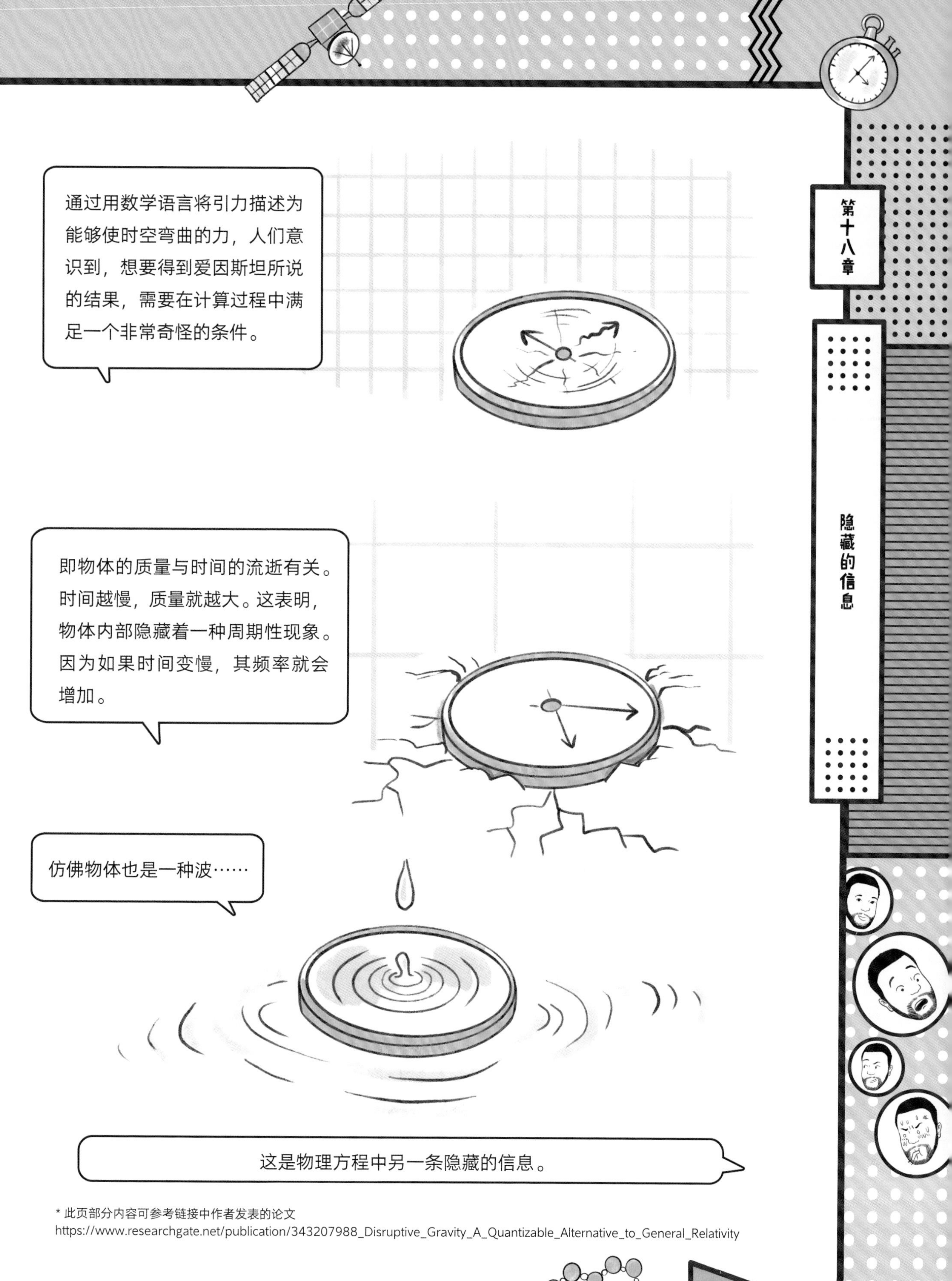

通过用数学语言将引力描述为能够使时空弯曲的力，人们意识到，想要得到爱因斯坦所说的结果，需要在计算过程中满足一个非常奇怪的条件。
即物体的质量与时间的流逝有关。时间越慢，质量就越大。这表明，物体内部隐藏着一种周期性现象。因为如果时间变慢，其频率就会增加。
仿佛物体也是一种波……
这是物理方程中另一条隐藏的信息。
第十八章
隐藏的信息


* 此页部分内容可参考链接中作者发表的论文
https://www.researchgate.net/publication/343207988_Disruptive_Gravity_A_Quantizable_Alternative_to_General_Relativity

1924 年，物理学家路易·德布罗意凭借纯粹的直觉假设物质也是一种波。这是他的天才之举。一年后，德国物理学家欧文·薛定谔补充了他的理论。

他只用了 24 小时就把德布罗意的直觉转化成一个数学方程，如今以他的名字命名为“**薛定谔方程**”。



我无法向你解释它究竟意味着什么，因为没有人知道……这是历史上第一个在事先不知道所写方程在描述什么的情况下编写的物理方程。我们所能做的就是用它计算……而且，神奇的是，这些计算结果可以非常精确地描述原子的电子。

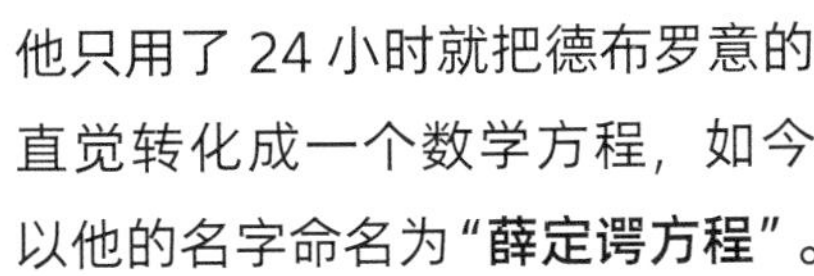

这个方程标志着量子力学的诞生。没人理解它，但计算结果非常好！这有点像一些饮料的配方，我们不知道里面有什么，但它味道不错！

* 文中出现的某些基础概念进行了一定程度的简化处理。

第十八章
隐藏的信息
这个公式帮助人们理解物质中电子的行为，使我们发明了LED* 灯泡、太阳能电池板、手机的 OLED* 屏幕……
特别是……晶体管！
毫不夸张地说，量子物理学改变了我们的世界！
完美！我们已经到你家了！正好，我想向你展示一些非常非常非常奇怪的东西……


*LED，是指能够将电能转换为光能的二极管。
*OLED，是指有机发光二极管。

今天，我们最先讨论了惯性原理。如果用这个原理研究两个物体，则会发现它们的中心始终沿直线前进。你可以用相机跟踪拍摄它们的中心。你会感觉画面中的物体似乎没有移动。

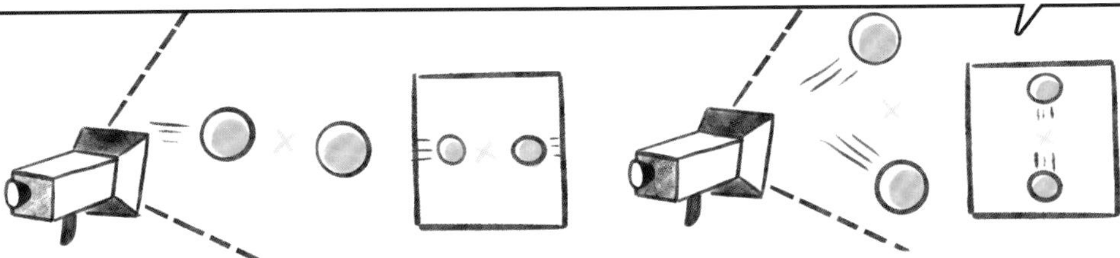

据观察，每个物体的中心移动的距离遵循一个数学规则：

$$质量_1 \times 距离_1 = 质量_2 \times 距离_2$$

因此，每个物体的速度和加速度遵循类似的规则：

$$质量_1 \times 速度_1 = 质量_2 \times 速度_2$$

$$质量_1 \times 加速度_1 = 质量_2 \times 加速度_2$$

与速度不同，加速度不取决于观察者的速度，所以这是一个普遍的定律！根据公式，每个物体的质量乘以加速度的结果总的相同。我们可以给它起个名字，“力”就非常合适：

$$力 = 质量 \times 加速度$$

F = m x a
我们回到了牛顿定律。现在可以顺利进入下一个房间。

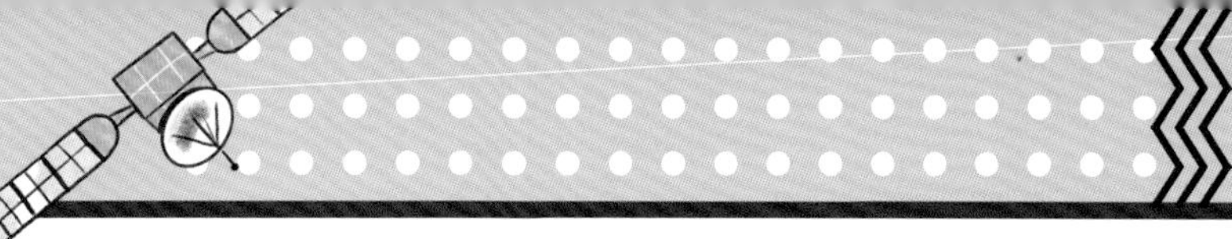

我们接下来会发现，物体的坠落和行星的运动实际上遵循相同的定律。你还记得那个公式吗？
5

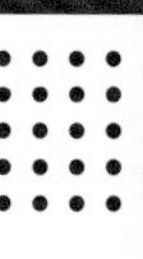

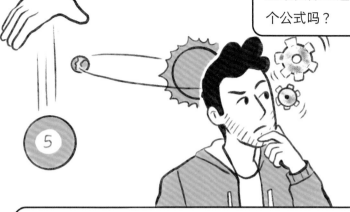

不用担心！这条定律很简单，涉及质量和距离的比，可能的组合并不多。由于所有物体都以相同的速度坠落，因此重力必然与每个物体的质量成正比：

$$力_{重力} = 常量 \times 质量_1 \times 质量_2 / 距离^?$$

其中只有一条公式能够体现行星以固定的轨道运动。如果地球绕太阳运动的轨道不是固定的，那么每年冬天和夏天的夜空和下一年的就不一样了！所以，唯一可能的定律是：

$$力_{重力} = 常量 \times 质量_1 \times 质量_2 / 距离^2$$

我们回到了牛顿的万有引力定律，现在让我们继续。

我们刚才见证了如何在牛顿定律中找到爱因斯坦的相对论，这样我们就可以进入下一个房间。

爱因斯坦的公式中隐藏的信息将我们引向一个新的理论，而后者隐藏的信息是“物体也是波”这一假设。为了描述这个假设，我们使用了量子力学的薛定谔方程。

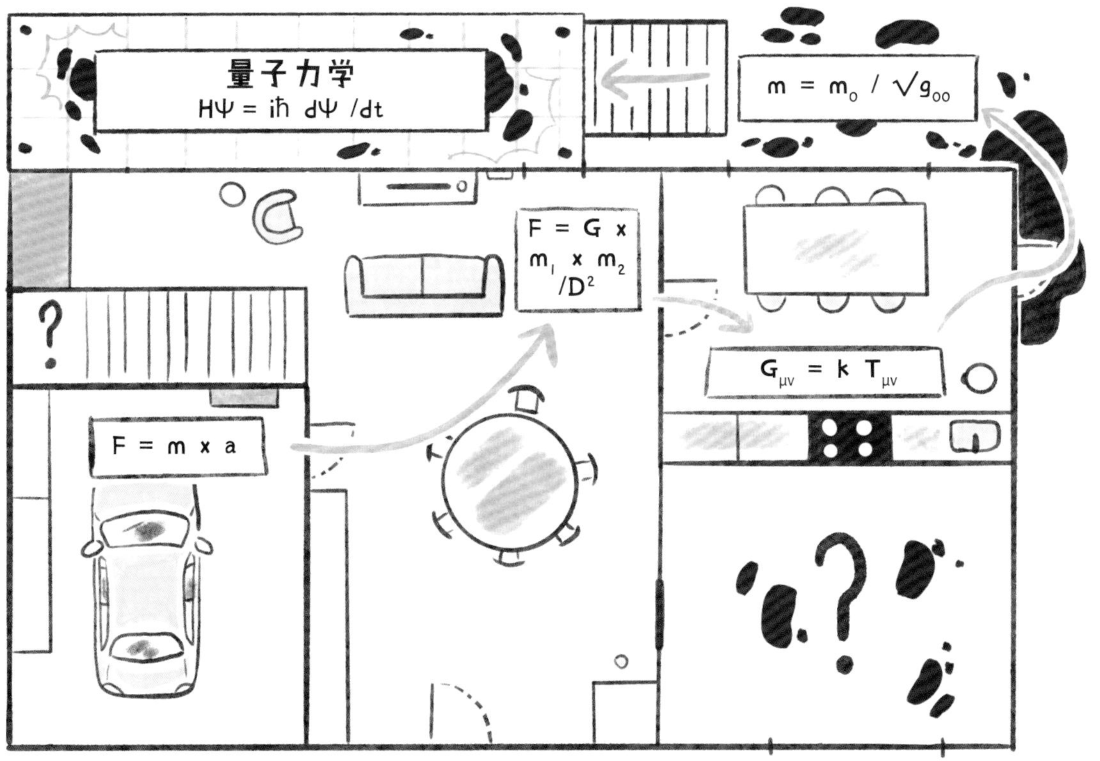

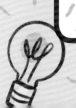

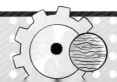

换句话说，基于物体在没有干扰的情况下总是做匀速直线运动这一简单的事实……我们可以找到描述电子的量子力学方程。
这非常非常非常奇怪，你不觉得吗？
在所有可能支配我们世界的潜在规则中，形形色色的物理定律仿佛被设计成了“**数学寻宝游戏**”。
Hψ = iħ dψ /dt
寻宝游戏当然不止于此，遵循这一逻辑，我们将发现其他理论！
第十八章
隐藏的信息

但是，考虑到时间问题，现在该上床睡觉了。
没有比睡觉前看一段视频更好的事了！现在为你推荐的都是数学视频！
哦，对！这个视频是我很久以前拍摄的，而且……
不！等等！！！
数学史

我被关在这里了……唔，是的，我不可能同时出现在两个地方。好了，开始吧，我们将一起重塑这个世界……当然，我指的是从数学史的角度！
大约几十万年前，在非洲出现了一种双足动物……

好吧，这太长了……我把视频快进到与我们的话题相关的地方。
我们在刚果盆地的伊尚戈发现了人类历史上最早使用数学的痕迹，这可以追溯到两万年前。这些是骨头上的凹槽，大概是用来计数的。

从骨头上观察到的规律表明，刻下这些标记的人懂得使用素数。伊尚戈的骨头显然难以解读，但它们是人类对计数感兴趣的最早证据。

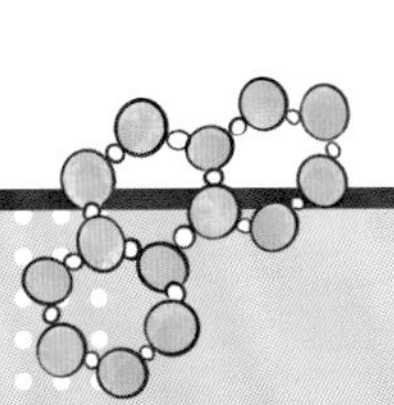

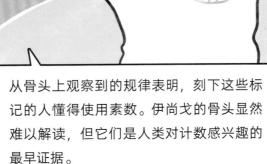

数学的历史痕迹取决于不同的文明所使用的媒介。

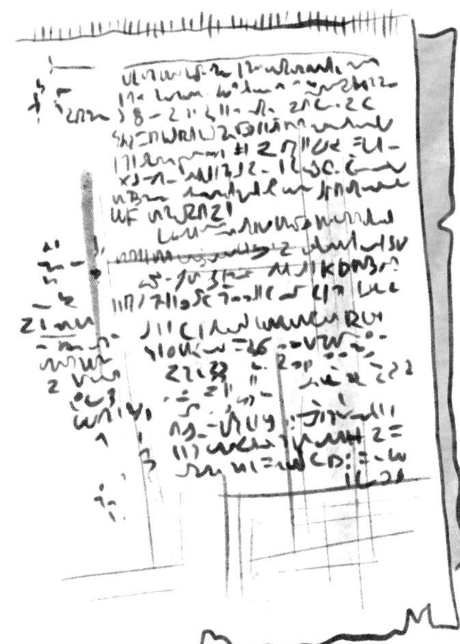

古埃及人和古希腊人使用莎草纸记录他们的知识。这种材料会随着时间的推移而降解，以至于几千年后，留给我们的东西不多……在三千年的历史跨度中，我们只寻找到两张古埃及的数学莎草纸。更糟糕的是，没有一部古希腊原著幸存下来……只能找到一些其他作者的翻译和评论。

美索不达米亚人则在粘土板上书写，这种媒介更耐老化。我们发现了大约四百片留有数学痕迹的粘土板！

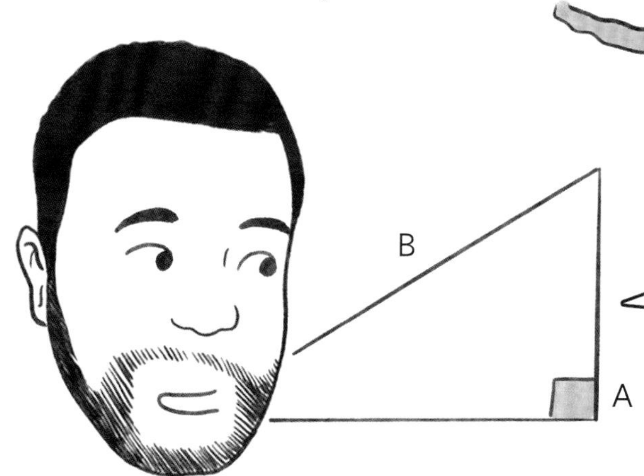


我们发现，他们在两千年前就拥有大量的数学知识，在毕德哥拉斯诞生一千多年前就知道了所谓的“毕达哥拉斯定理”……这个文明很可能对希腊数学产生了重要影响。

尽管埃及文明没有留下很多书面的数学痕迹，但他们的建筑可以证明他们已经熟练掌握了数学，尤其是几何学。

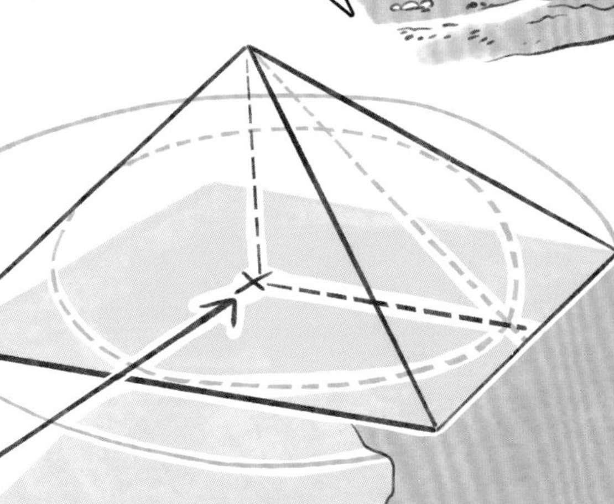

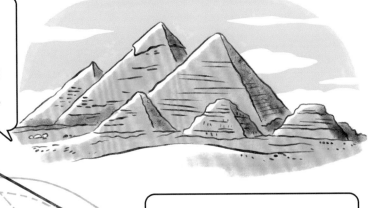

很难想象，人们可以在不预测所需材料数量的情况下建造这么多大型建筑……这个过程需要计算复杂的表面积和体积。

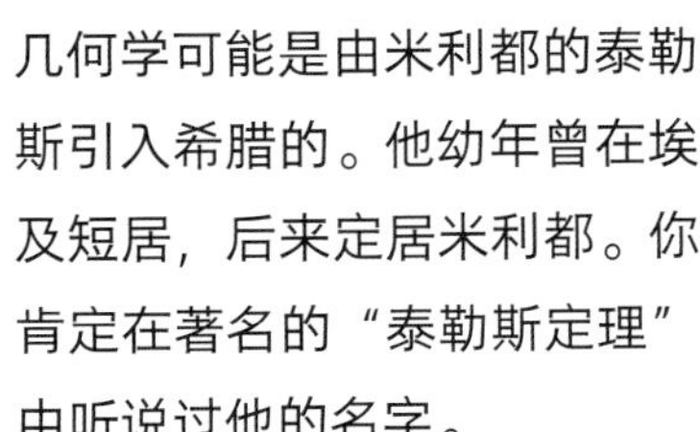

几何学可能是由米利都的泰勒斯引入希腊的。他幼年曾在埃及短居，后来定居米利都。你肯定在著名的“泰勒斯定理”中听说过他的名字。

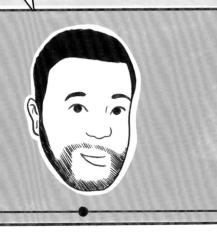

希腊文明注重哲学和说服的艺术，它将论证的概念引入数学。数学不再是某种实用的东西，而是变得抽象。

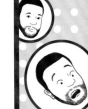

在东方，中国人和印度人同样发展了数学知识。8 世纪左右，阿拉伯文明在大量的贸易活动中发现了这一点。

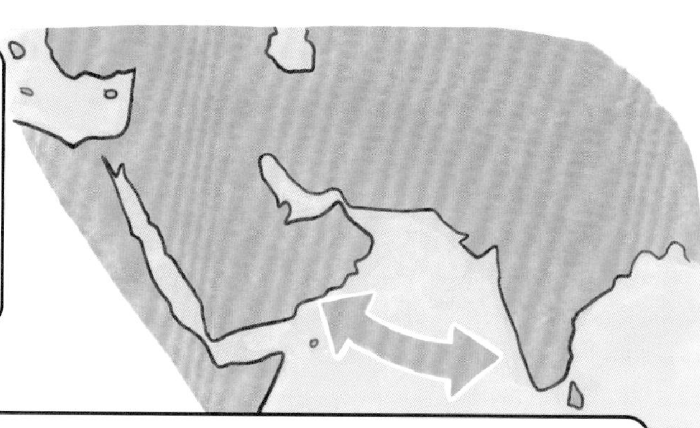

阿拉伯数字实际上是经过演变的印度数字。

阿拉伯文明还拥有大量希腊著作的译本，深刻地变革了数学史。多亏了像波斯人花拉子米这样的数学家，如今的学校里仍传授希腊人的数学知识。

12 世纪，斐波那契将这种数学引入欧洲。文艺复兴时期，欧洲在数学方面有了很大的发展。

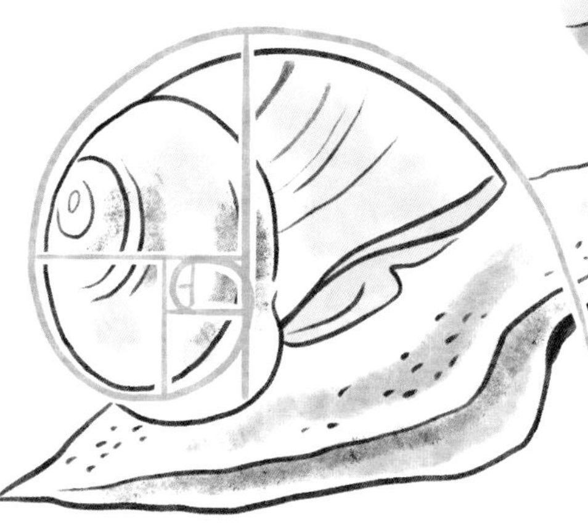

这种浓厚的数学氛围让伽利略意识到，大自然似乎是用数学语言书写而成的。

正是在这种背景下，艾萨克·牛顿出生了，就在伽利略去世一年后。牛顿通过万有引力定律首次发现了现实世界和数学世界之间的基本联系。因此，这是研究人与自然关系的一个里程碑。
……互相吸引
……力……
成正比……
反比
此后，人类从未停止尝试破译这个刚刚向他们开启大门的新世界。历史的偶然让牛顿诞生在欧洲，在几个世纪内，许多欧洲物理学家和数学家追随牛顿的脚步，依次揭开液体、气体、电、磁和原子的奥秘。
在这种新世界观的驱使下，人类终于进入了科技时代。

好了！这就是结尾了！

数学的有效性令人震惊，不是吗？至少它让许多杰出的物理学家感到惊讶！

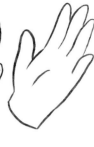

爱因斯坦说过：宇宙最不可理解之处，就是它可被理解。

诺贝尔奖获得者尤金·维格纳谈到了“数学在描述世界时的不合理有效性”。

他们的精神祖先艾萨克·牛顿指出数学可以精确地描述世界的原因，基于牛顿身处时代的大环境影响，他认为“上帝用数字、重量和度量创造了一切”。

毕竟，这个世界很可能不那么遵守数学定律，或者根本就不存在任何定律。我们如何解释数学的这种不可思议的有效性呢？

我们看到，物理定律可以用数学语言书写，这种精确度超乎人们的想象。因此，质疑数学的有效性是合理的。更令人惊讶的是，尽管存在各种可能性，物理定律的结构总是令人难以置信地完美，使人们可以在数学语言中找到隐藏信息。这就好比撰写一则法律文本，每一行的首字母形成一则新文本，后者同样遵循司法写作的惯例，并且表达了同样的内容，精确到令人咂舌，然后依此类推。物理定律一旦经数学语言写成，就仿佛变成了某种寻宝游戏，其精心设计的游戏规则使人们顺利地用一个定律推导出另一个定律。

“物体在没有干扰的情况下做匀速直线运动。”从这个简单事实，到一系列使我们发现新定律的隐藏信息，我们最终得到了量子力学。

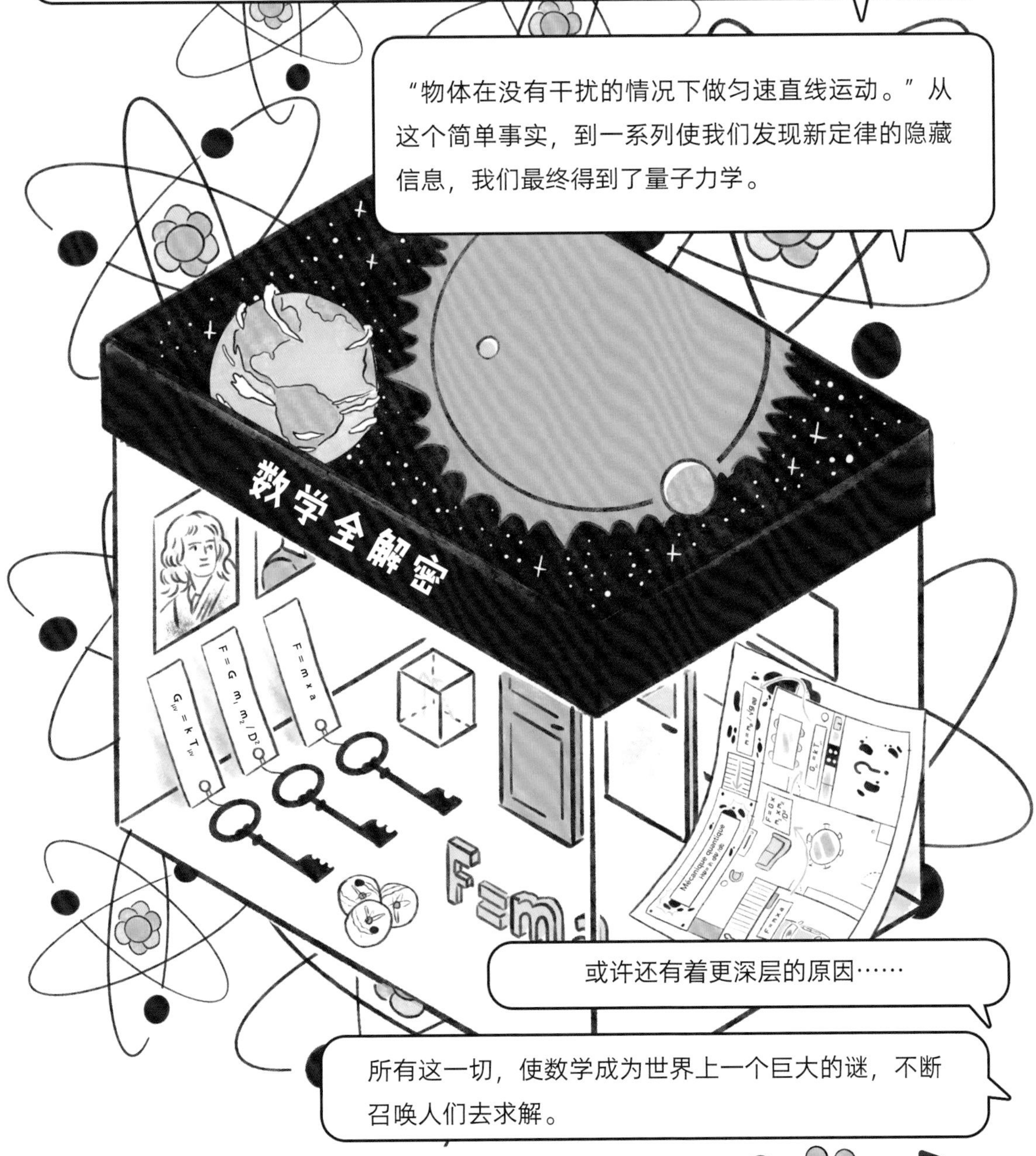

或许还有着更深层的原因……

所有这一切，使数学成为世界上一个巨大的谜，不断召唤人们去求解。

他好像睡着了……今天我们探索了非常特殊的数学领域及其与我们世界的关系，真是漫长的一天。
我希望从现在起，你看世界的方式会截然不同。这就是这个应用程序的目的。

D
卸载
第十九章
聊聊数学史

## 故意为之的不准确之处

这本书旨在以一种直观的方式呈现现代物理学的数学知识，在这个过程中可能牺牲了我们这个时代特有的数学严谨性。例如，测量单位没有出现在公式中，而是在文本中提前指定，这并不是当代物理学家的标准做法。物理学家们会注意到，文中对向量分析的呈现方式与传统方式相去甚远，但只要选择适当的计算单位，它仍然是正确的。

此外，文中有一些没有向读者说明的简化处理，虽然基本概念是正确的，但也可能误导读者。

文中提到，理想气体定律和牛顿定律可以用来计算发动机的功率。事实上，现实情况更为复杂，涉及其他热力学公式以及专门研究物体旋转现象的力学定律。我们的目的是让读者明白，数学公式可以错误地用来预测发动机的运动。

为了使磁场的概念更容易理解，文中有意错误地呈现了铁屑的图案。实际上，铁屑的排列与磁场平行。垂直的画法有助于读者理解这种图案的数学模型原理。对电源电流的介绍也有与现实不符之处，现实中它每秒钟周期性改变50次方向。

书中提到，家用电器的电动机是按照文中的图表建造的，这不是真的。如今我们使用的是效率更高的系统，但操作原理是一样的。

至于晶体管，它们的种类繁多。电子芯片中使用的是MOS型晶体管，想要理解它们则需要引入更复杂的知识，不需要这些知识也可了解集成电路是如何运行的。

能量动量张量不是一个向量场，而是一个张量。将其描述为向量场在技术上无疑是错误的，但却可以向我们更直观地解释那些理解广义相对论所需的概念。

图书在版编目（C I P）数据

数学：宇宙的语言／（法）拉美西斯·邦基·萨福著；（法）克莱芒蒂娜·富尔卡德绘；张丹希译. --北京：中译出版社，2022.5
ISBN 978-7-5001-7010-5

Ⅰ. ①数… Ⅱ. ①拉… ②克… ③张… Ⅲ. ①数学—普及读物 Ⅳ. ①01-49

中国版本图书馆CIP数据核字(2022)第046200号

（著作权合同登记：图字01-2022-0348）

Les maths décryptées... et la lumière fut !,
by Ramsès Bounkeu Safo (author) , Clémentine Fourcade (illustrator)
ISBN:9782317026454


**数学：宇宙的语言**
SHUXUE YUZHOU DE YUYAN
著　　者：［法］拉美西斯·邦基·萨福
绘　　者：［法］克莱芒蒂娜·富尔卡德
译　　者：张丹希

策划编辑：巴　扬　刘盛楠
责任编辑：张　猛
文字编辑：胡婧尔
营销编辑：王子超
装帧设计：Adam
出版发行：中译出版社

地　　址：北京市西城区新街口外大街28号普天德胜大厦主楼4层
邮　　编：100088
电　　话：（010）68359827，68359303（发行部）；（010）68002876（编辑部）
电子邮箱：book@ctph.com.cn
网　　址：http://www.ctph.com.cn

印　　刷：北京博海升彩色印刷有限公司
经　　销：新华书店
规　　格：889mm*1194mm　1/16
印　　张：11.75
字　　数：40千字
版　　次：2022年5月第一版
印　　次：2022年5月第一次

ISBN 978-7-5001-7010-5　　　定价：128.00元


中　译　出　版　社